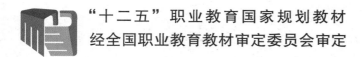
"十二五"职业教育国家规划教材

经全国职业教育教材审定委员会审定

网络服务器配置与管理

（Windows Server 2008）

韩新洲　　马永芳　　主　编

张广波　董新春　　王晓亮　　副主编

王　健　主　审

电子工业出版社

Publishing House of Electronics Industry

北京·BEIJING

内 容 简 介

本书根据教育部颁发的《中等职业学校专业教学标准（试行）信息技术类（第一辑）》中的相关教学内容和要求编写。本书的编写从满足经济发展对高素质劳动者和技能型人才的需求出发，在课程结构、教学内容、教学方法等方面进行了新的探索与改革创新，以利于学生更好地掌握本课程的内容，利于学生理论知识的掌握和实际操作技能的提高。

本书以 IT 企业的常用网络应用需求为任务主线，以 Windows Server 2008 R2 为平台，重点讲述网络操作系统的基本管理及常用网络服务的配置；内容涵盖 Windows Server 2008 R2 的安装与网络环境设置，本地用户和组的管理，磁盘管理，NTFS 权限、文件和共享权限与网络打印服务的配置，域环境下的网络管理，本地策略和组策略应用，常用网络服务（DNS、Web、FTP、DHCP、E-MAIL、RAS、PKI 等）以及 Windows Server Backup 和 Hyper-V 等。

本书是计算机网络技术专业的专业技能方向课程教材，也可作为各类计算机网络培训班的教材，还可以供计算机网络技术从业人员参考学习。本书配有教学指南、电子教案和案例素材，详见前言。

未经许可，不得以任何方式复制或抄袭本书之部分或全部内容。

版权所有，侵权必究。

图书在版编目（CIP）数据

网络服务器配置与管理：Windows Server 2008 / 韩新洲，马永芳主编. —北京：电子工业出版社，2017.6

ISBN 978-7-121-24904-4

Ⅰ. ①网… Ⅱ. ①韩… ②马… Ⅲ. ①Windows 操作系统—网络服务器—中等专业学校—教材 Ⅳ. ①TP316.86

中国版本图书馆 CIP 数据核字（2014）第 274941 号

策划编辑：关雅莉
责任编辑：柴　灿
印　　刷：三河市君旺印务有限公司
装　　订：三河市君旺印务有限公司
出版发行：电子工业出版社
　　　　　北京市海淀区万寿路 173 信箱　邮编　100036
开　　本：787×1 092　1/16　印张：11.5　字数：338 千字
版　　次：2017 年 6 月第 1 版
印　　次：2023 年 12 月第 12 次印刷
定　　价：25.00 元

凡所购买电子工业出版社图书有缺损问题，请向购买书店调换。若书店售缺，请与本社发行部联系，联系及邮购电话：（010）88254888，88258888。

质量投诉请发邮件至 zlts@phei.com.cn，盗版侵权举报请发邮件至 dbqq@phei.com.cn。

本书咨询联系方式：（010）88254617，Luomn@phei.com.cn。

编审委员会名单

主任委员：

武马群

副主任委员：

王 健　韩立凡　何文生

委　　员：

丁文慧	丁爱萍	于志博	马广月	马之云	马永芳	马玥桓	王 帅	王 苒
王 彬	王晓姝	王家青	王皓轩	王新萍	方 伟	方松林	孔祥华	龙天才
龙凯明	卢华东	由相宁	史宪美	史晓云	冯理明	冯雪燕	毕建伟	朱文娟
朱海波	向 华	刘 凌	刘小华	刘天真	关 莹	江永春	许昭霞	孙宏仪
苏日太夫	杜 珺	杜宏志	杜秋磊	李 飞	李 娜	李华平	李宇鹏	杨 杰
杨 怡	杨春红	吴 伦	何 琳	佘运祥	邹贵财	沈大林	宋 微	张 平
张 侨	张 玲	张士忠	张文库	张东义	张兴华	张呈江	张建文	张凌杰
张媛媛	陆 沁	陈 玲	陈 颜	陈丁君	陈天翔	陈观诚	陈佳玉	陈泓吉
陈学平	陈道斌	范铭慧	罗 丹	周 鹤	周海峰	庞 震	赵艳莉	赵晨阳
赵增敏	郝俊华	胡 尹	钟 勤	段 欣	段 标	姜全生	钱 峰	徐 宁
徐 兵	高 强	高 静	郭 荔	郭立红	郭朝勇	涂铁军	黄 彦	黄汉军
黄洪杰	崔长华	崔建成	梁 姗	彭仲昆	葛艳玲	董新春	韩雪涛	韩新洲
曾平驿	曾祥民	温 晞	谢世森	赖福生	谭建伟	戴建耘	魏茂林	

序 | PROLOGUE

当今是一个信息技术主宰的时代，以计算机应用为核心的信息技术已经渗透到人类活动的各个领域，彻底改变着人类传统的生产、工作、学习、交往、生活和思维方式。和语言和数学等能力一样，信息技术应用能力也已成为人们必须掌握的、最为重要的基本能力。可以说，信息技术应用能力和计算机相关专业，始终是职业教育培养多样化人才，传承技术技能，促进就业创业的重要载体和主要内容。

信息技术的发展，特别是数字媒体、互联网、移动通信等技术的普及应用，使信息技术的应用形态和领域都发生了重大的变化。第一，计算机技术的使用扩展至前所未有的程度，桌面电脑和移动终端（智能手机、平板电脑等）的普及，网络和移动通信技术的发展，使信息的获取、呈现与处理无处不在，人类社会生产、生活的诸多领域已无法脱离信息技术的支持而独立进行。第二，信息媒体处理的数字化衍生出新的信息技术应用领域，如数字影像、计算机平面设计、计算机动漫游戏和虚拟现实等。第三，信息技术与其他业务的应用有机地结合，如商业、金融、交通、物流、加工制造、工业设计、广告传媒和影视娱乐等，使之各自形成了独有的生态体系，综合信息处理、数据分析、智能控制、媒体创意和网络传播等日益成为当前信息技术的主要应用领域，并诞生了云计算、物联网、大数据和3D打印等指引未来信息技术应用的发展方向。

信息技术的不断推陈出新及应用领域的综合化和普及化，直接影响着技术、技能型人才的信息技术能力的培养定位，并引领着职业教育领域信息技术或计算机相关专业与课程改革、配套教材的建设，使之不断推陈出新、与时俱进。

2009年，教育部颁布了《中等职业学校计算机应用基础大纲》。2014年，教育部在2010年新修订的专业目录基础上，相继颁布了"计算机应用、数字媒体技术应用、计算机平面设计、计算机动漫与游戏制作、计算机网络技术、网站建设与管理、软件与信息服务、客户信息服务、计算机速录"等9个信息技术类相关专业的教学标准，确定了教学实施及核心课程内容的指导意见。本套教材就是以以上大纲和标准为依据，结合当前最新的信息技术发展趋势和企业应用案例组织开发和编写的。

本书的主要特色

● **对计算机专业类相关课程的教学内容进行重新整合**

本套教材面向学生的基础应用能力，设定了系统操作、文档编辑、网络使用、数据分析、媒体处理、信息交互、外设与移动设备应用、系统维护维修、综合业务运用等内容；针对专业应用能力，根据专业和职业能力方向的不同，结合企业的具体应用业务规划了教材内容。

● **以岗位工作过程来确定学习任务和目标，综合提升学生的专业能力、过程能力和职位差异能力**

本套教材通过以工作过程为导向的教学模式和模块化的知识能力整合结构，力求实现产业需求与专业设置、职业标准与课程内容、生产过程与教学过程、职业资格证书与学历证书、终身学习与职业教育的"五对接"。从学习目标到内容的设计上，本套教材不再仅仅是专业理论内容的复制，而是经由职业岗位实践——工作过程与岗位能力分析——技能知识学习应用内化的学习实训导引和案例。借助知识的重组与技能的强化，达到企业岗位情境和教学内容要求相贯通的课程融合目标。

● **以项目教学和任务案例实训为主线**

本套教材通过项目教学，构建了工作业务的完整流程和岗位能力需求体系。项目的确定应遵循三个基本目标：核心能力的熟练程度，技术更新与延伸的再学习能力，不同业务情境应用的适应性。教材借助以校企合作为基础的实训任务，以应用能力为核心、以案例为线索，通过设立情境、任务解析、引导示范、基础练习、难点解析与知识延伸、能力提升训练和总结评价等环节，引领学习者在完成任务的过程中积累技能、学习知识，并迁移到不同业务情境的任务解决过程中，使学习者在未来可以从容面对不同应用场景的工作岗位。

当前，全国职业教育领域都在深入贯彻全国职教工作会议精神，学习领会中央领导对职业教育的重要批示，全力加快推进现代职业教育。国务院出台的《加快发展现代职业教育的决定》明确提出要"形成适应发展需求、产教深度融合、中职高职衔接、职业教育与普通教育相互沟通，体现终身教育理念，具有中国特色、世界水平的现代职业教育体系"。现代职业教育体系的建立将带来人才培养模式、教育教学方式和办学体制机制的巨大变革，这无疑给职业院校信息技术应用人才培养提出了新的目标。计算机类相关专业的教学必须要适应改革，始终把握技术发展和技术技能人才培养的最新动向，坚持产教融合、校企合作、工学结合、知行合一，为培养出更多适应产业升级转型和经济发展的高素质职业人才做出更大贡献！

前言 | PREFACE

为建立健全教育质量保障体系，提高职业教育质量，教育部于 2014 年颁布了中等职业学校专业教学标准（以下简称专业教学标准）。专业教学标准是指导和管理中等职业学校教学工作的主要依据，是保证教育教学质量和人才培养规格的纲领性教学文件。在"教育部办公厅关于公布首批《中等职业学校专业教学标准（试行）》目录的通知"（教职成厅[2014]11 号文）中，强调"专业教学标准是开展专业教学的基本文件，是明确培养目标和规格、组织实施教学、规范教学管理、加强专业建设、开发教材和学习资源的基本依据，是评估教育教学质量的主要标尺，同时也是社会用人单位选用中等职业学校毕业生的重要参考。"

本书特色

本书根据教育部颁发的《中等职业学校专业教学标准（试行）信息技术类（第一辑）》中的相关教学内容和要求编写。

本书共 13 章，内容结构采用项目式，共包括 13 个教学项目，在每个项目中先提出项目描述，确定项目目标，然后讲解完成该项目需要的知识准备，再进行具体的项目设计，之后确定完成项目需要做的准备工作，在项目实施环节中，将项目分解为多个工作任务，分别讲解为完成任务而采取的详细步骤。各项目均设置实训部分，教师可通过项目设计分析引导学生进行实际操作，从而使学生体验企业的真实工作环境，让学生通过自主探究、小组协作方式完成学习过程。全书内容具体安排如下：

第 1 章介绍网络管理模式、Windows Server 2008 R2 版本、IP 地址、计算机名称和工作组、本地用户账户和组账户等知识，通过 3 个工作任务详细说明 Windows Server 2008 R2 的安装过程、Windows Server 2008 R2 基本配置及创建与管理本地用户账户和组账户。

第 2 章介绍磁盘管理、磁盘类型、磁盘分区、磁盘配额等知识，通过 3 个工作任务详细说明创建与管理基本磁盘、动态磁盘及配置磁盘配额。

第 3 章介绍 NTFS 权限、文件和文件夹权限、共享权限及打印服务等知识，通过 4 个工作任务详细说明设置 NTFS 权限、设置共享权限、Win8 客户端访问网络文件及配置网络打印服务。

第 4 章介绍活动目录和域服务及安装域控制器的条件等知识，通过 6 个工作任务详细说明安装域控制器（DC）、Win8 客户端加入域、创建与管理域用户账户、创建与管理域组账户、创建与管理组织单位及安装只读域控制器（RODC）。

第 5 章介绍本地安全策略和组策略等知识，通过 4 个工作任务详细说明设置账户策略、本地策略、组策略及利用组策略实现软件分发。

第 6 章介绍 DNS 服务、域名空间及 DNS 查询模式等知识，通过 5 个工作任务详细说明配置 DNS 服务器、配置 DNS 客户端、配置 DNS 转发器、配置 DNS 区域复制及配置 DNS 子域和委派。

第 7 章介绍 IIS 和 Web 服务及 FTP 服务等知识，通过 5 个工作任务详细说明安装和配置

Web 服务、配置虚拟目录和虚拟主机、管理 Web 站点安全、安装和配置 FTP 服务及客户端访问 FTP 服务器。

第 8 章介绍邮件服务器、电子邮件传输过程、电子邮件协议及电子邮件结构等知识，通过 4 个工作任务详细说明在 Windows Server 2008 环境下，如何利用 Outlook 和 Foxmail 邮件客户端进行邮件的发送和接收。

第 9 章介绍 DHCP 服务、DHCP 租约过程及更新与释放 IP 租约等知识，通过 3 个工作任务详细说明配置 DHCP 服务、配置 DHCP 客户机及维护 DHCP 服务器。

第 10 章介绍远程访问服务等知识，通过 2 个工作任务详细说明配置远程访问服务及使用访问策略控制访问。

第 11 章介绍 PKI、公钥加密技术、PKI 协议及证书和颁发机构等知识，通过 2 个工作任务详细说明安装证书服务及配置 SSL 证书。

第 12 章介绍 Windows 备份工具等知识，通过 2 个工作任务说明备份数据及还原数据。

第 13 章介绍虚拟化服务及 Hyper-V 等知识，通过 3 个工作任务说明安装 Hyper-V、Hyper-V 的基本配置及在 Hyper-V 中创建和应用虚拟机。

本书内容以 IT 企业实际网络需求为主、不求知识系统化和全面性，力求结构清晰、图文并茂，所有操作可按照实际屏幕截图分步骤进行，同时各个工作任务都配有完整的视频操作演示教学资源包，便于教师授课和学生的操作。本书的知识准备介绍所占篇幅较少，即具体任务中涉及到的知识才在知识准备环节中讲解，没有涉及到的专业理论知识尽量不介绍，充分体现以应用技术为重点，使读者更容易对照教材进行实际操作。

课时分配

本书参考学时为 96 学时，具体分配见本书配套的电子教案。

本书作者

本书由大连市计算机中等职业技术专业学校韩新洲、马永芳担任主编及统稿，大连市职业教育培训中心王健担任主审，张广波、董新春、王晓亮担任副主编。在本书的编写过程中，大连市职业教育培训中心王健主任给予了大力支持和热情帮助，在此表示衷心的感谢。

由于作者水平有限，书中难免有错误和不妥之处，恳请广大师生和读者批评指正。

教学资源

为了提高学习效率和教学效果，方便教师教学，本书还配有电子教学参考资料包，包括电子教案、教学指南、素材文件、微课等，请有此需要的教师登录华信教育资源网免费注册后下载。有问题时请在网站留言板留言或与电子工业出版社联系。

由于作者水平有限，书中难免有错误和不妥之处，恳请广大师生和读者批评指正。

编者

CONTENTS | 目录

搭建与测试 Windows 服务器

项目描述

某中职院校网络专业毕业生，毕业后在 HXZ 公司从事网络管理维护工作，随着公司业务不断扩大，现需要购买几台服务器，完成文件打印服务、域控制器、DHCP 服务、DNS 服务和网站服务等功能，满足公司业务需求。

要求服务器安装 Windows Server 2008 R2 网络操作系统且配置好网络和工作组环境。

项目目标

◇ 理解网络管理模式；
◇ 了解 Windows Server 2008 R2；
◇ 会安装和配置 Windows Server 2008 R2；
◇ 理解和配置计算机的 IP 地址；
◇ 理解计算机名称和工作组；
◇ 会管理本地用户账户和组账户。

知识准备

1. 网络管理模式

计算机网络是指将分布在不同地理位置、具有独立功能的多台计算机及其外部设备，用通信设备和通信线路连接起来，在网络操作系统和通信协议及网络管理软件的管理协调下，实现资源共享、信息传递的系统。按照网络中计算机所处的地位主要有以下两种不同的网络管理模式。

1）对等网络

在计算机网络中，每台计算机的地位平等，不存在客户机和服务器的区别，都可以平等地使用其他计算机内部的资源，这种网络就称为对等网络，简称对等网，也可以称为工作组网络。这种网络适合小型的局域网，如普通办公室、家庭、学校计算机教室等。

2）基于服务器的网络

如果网络中所连接的计算机较多、共享资源较多，且需要网络提供各种服务，就需要考虑使用一台专门的计算机来存储和管理资源且提供网络服务，这台计算机称为服务器，其他的计算机称为客户机，这种网络称为基于服务器的网络，也可以称为客户机/服务器（Client/Server）网络。

2．Windows Server 2008 R2

众所周知，计算机是由硬件系统和软件组成的，是基于操作系统才能正常工作的。当前主流的操作系统有 UNIX 类操作系统、Linux 类操作系统、Windows 系列操作系统和 MAC 操作系统。Windows 操作系统以其易操作和人性化的界面受到更多用户的信赖。

Windows 操作系统主要分为两大类：一类是面向普通用户的客户机操作系统，主要有 Windows XP、Windows 7、Windows 8 等；另一类是面向企业级用户的服务器操作系统，也称为网络操作系统，主要有 Windows Server 2003、Windows Server 2008 等。

Windows Server 2008 是 Microsoft 公司在 2008 年 2 月推出的运行在 32 位和 64 位计算机平台上的网络操作系统，2009 年 10 月又推出了只支持 64 位的 Windows Server 2008 R2。Windows Server 2008 R2 拥有强大的管理功能与安全措施，简化了服务器的管理，提高了资源的可用性，有效地保护了企业应用程序与数据，可以为大、中或小型企业搭建功能强大的网站与应用程序服务平台。每个版本具有不同的网络功能，在实际应用中根据需要选择具体版本。Windows Server 2008 R2 主要版本如表 1-1 所示。

表 1-1　Windows Server 2008 R2 主要版本

版　　本	功　　能
Windows Server 2008 R2 Foundation Edition（基础版）	成本低廉、易于部署、面向小型企业的操作系统，可以利用它来执行常用的商业应用程序或作为信息分享的平台
Windows Server 2008 R2 Standard Edition（标准版）	具备主流服务器所具有的功能，自带了改进的 Web 和虚拟化功能，这些功能可以提高服务器架构的可靠性和灵活性，还能节省时间和成本
Windows Server 2008 R2 Enterprise Edition（企业版）	提供了更高的可用性和扩展性，是高级服务器平台，在虚拟化、节电以及管理方面增加了新功能，使得流动办公的员工可以更方便地访问公司资源
Windows Server 2008 R2 Datacenter Edition（数据中心版）	除了提供企业版相同功能之外，还支持 2~64 个处理器，可以构建企业级虚拟化解决方案
Windows Web Server 2008 R2（Web 版）	特别为 Web 服务器而设计，是一个专门面向 Internet 应用而设计的服务器操作系统，它不支持其他服务器角色和 Server Core 的安装
Windows Server 2008 R2 for Itanium-Based Systems（安腾版）	一个企业级的平台，用来支持网站与应用程序服务器搭建

3．IP 地址

1）IP 地址概念

IP 地址是 IP 协议为标识网络中的主机所使用的地址，连接到采用 TCP/IP 网络的每个设备（计算机或其他网络设备）都必须有唯一的 IP 地址，它是 32 位的无符号二进制数，IP 地址通常分为 4 段，每段由圆点隔开的十进制数字组成，每个十进制数的取值是 0~255，如网易站点的 IP 地址是 61.135.253.10。

2）IP 地址的分类

IP 地址的 32 位二进制结构由两部分组成：网络地址和主机地址。网络地址标识计算机所在的网络区段，主机地址是计算机在网络中的标识。IP 地址分为 A~E 类，A 类地址最高位是 0，适用于大型网络；B 类地址最高位是 10，适用于中等网络；C 类地址最高位是 110，适用于小型网络；D 类地址最高位是 1110，E 类地址最高位是 11110。常用的 IP 地址是 A、B、C 类 IP 地址。IP 地址的分类如表 1-2 所示。

表 1-2　IP 地址的分类

类别	第一字节范围	网络地址位数	主机地址位数	最大的主机数目	地址总数
A	0~127	8bit	24bit	$2^{24}-2=16777214$	16777216
B	128~191	16bit	16bit	$2^{16}-2=65534$	65536
C	192~223	24bit	8bit	$2^{8}-2=254$	256
D	224~239	多播地址			
E	240~255	目前尚未使用			

3）IP 地址分配方式

静态地址是指计算机的 IP 地址由网络管理员事先指定好，如没有特殊情况，一直用这个分配好的地址。

动态地址是指计算机的 IP 地址由 DHCP 服务器在地址池中随机分配一个当前空闲的地址。

4）子网掩码

子网掩码的主要作用是说明子网如何划分。子网掩码是一个 32 位二进制数字，用点分十进制来描述。子网掩码包含两个域：网络域和主机域，默认情况下，网络域地址全部为"1"，主机域地址全部为"0"。表 1-3 所示为各类网络与子网掩码的对应关系。

表 1-3　网络和子网掩码的对应关系

网络类别	默认子网掩码
A	255.0.0.0
B	255.255.0.0
C	255.255.255.0

5）默认网关

在网络通信过程中，当收发的数据无法找到指定的网关时，就会尝试从"默认网关"中收发数据，所以"默认网关"是需要设置的。默认网关的 IP 地址通常是具有路由功能的设备的 IP 地址，如路由器、代理服务器等。

6）DNS 服务器

DNS 服务器的主要工作就是将域名与 IP 地址进行翻译，为什么要对域名和 IP 地址进行翻译呢？原因在于具有典型特征的域名比用数字组成的 IP 地址便于记忆。在"Internet 协议（TCP/IP）属性"对话框中进行 TCP/IP 参数配置时，有"首选 DNS 服务器"和"备用 DNS 服务器"两项需要配置，当对一个访问域名进行 IP 地址的翻译时，会首先使用"首选 DNS 服务器"进行翻译，当首选 DNS 服务器失效时，为了保证用户能正常对该网站进行访问，就会立即启用备用 DNS 服务器进行翻译，所以如果要正常访问网页，就必须把 DNS 服务器设置好。

4．计算机名称与工作组

1）计算机名称

计算机名称用来标识计算机在网络中的身份，同一网络中计算机名称应是唯一的，当启动计算机时，系统会在网络上注册一个唯一的计算机名称，即在网络邻居中看到的计算机名。可以在桌面上右击"计算机"图标或者在命令行中输入"netstat -n"命令查看本机的计算机名称。

2）工作组

工作组是一种简单的计算机分组模型，通常用于家庭和小规模网络。在同一工作组中的计算机可以直接相互通信，不需要服务器来管理网络资源。工作组具有以下特点。

（1）每一台计算机独立维护本机资源，不集中管理所有的网络资源。

（2）每一台计算机都在本地存储用户账户。

（3）一个账户只能登录到一台计算机。

（4）工作组中的计算机的地位是平等的，无服务器和客户机的区别。

一般情况下，可以按照不同的地理位置或部门将计算机加入不同的工作组中。

5．本地用户账户和组账户

系统安装完毕后会自动创建一些默认的用户账户和组账户，它们具有特殊用途和权限，对应的账户信息存储在 C:\Windows\System32 \config\SAM 数据库中，如 Administrator 和 Guest 等。Administrator 是默认的内置管理员账户，对当前计算机拥有最高权限；Guest 账户是用于临时访问的账户，默认权限很少，且默认状态是禁用的。系统默认只有 Administrator 组内的用户才有权限管理用户与组账户，一般创建完用户账户和组账户之后，将用户账户加入到组账户中，对组账户进行权限设置，则用户账户具有了相应权限。本地账户只能登录到本地计算机，系统启动后进入登录界面时，只有输入正确的用户名和密码才能进入系统。

 # 项目设计及准备

1．项目设计

当前中小企业选择网络操作系统时，一般首选 Windows Server 2008 R2 Enterprise Edition。

要想成功安装 Windows Server 2008 R2 Enterprise Edition，首先必须确保服务器硬件配置满足安装的最低要求，其次要选择安装方式和规划磁盘分区。

1）硬件配置要求

Windows Server 2008 R2 Enterprise Edition 对计算机硬件要求较高，如表 1-4 所示。

表 1-4 Windows Server 2008 R2 Enterprise Edition 硬件要求

主要硬件	最低配置要求	推荐配置
处理器	1.4GHz	大于 2GHz
内存	512MB	大于 2GB
硬盘	32GB	大于 40GB
显示器	VGA(800×600)	
其他	DVD 光驱、键盘、鼠标	

2）安装方式

Windows Server 2008 R2 Enterprise Edition 的安装方法有很多种，如光盘安装法、虚拟光驱安装法、硬盘安装法、USB 闪存盘安装法、软件引导安装法、VHD 安装法等，在这里不再详述，感兴趣的同学可以自行研究学习。本项目选择最常用的光盘安装法。

3）磁盘分区

在安装 Windows Server 2008 R2 Enterprise Edition 过程中，要求硬盘容量为 40GB，安装操作系统的主分区容量为 30GB，另一个主分区容量为 5GB，其余容量作为未分配空间。

2．项目准备

Windows Server 2008 R2 Enterprise Edition 安装程序启动时，根据项目在虚拟机实施环境的不同，可以选择如下 3 种方法，并逐步安装程序。

（1）CD-ROM/DVD 方式，需要用户有安装光盘。

（2）ISO 镜像方式，需要有操作系统的 ISO 镜像文件。

（3）VMware Workstation 10 虚拟机软件，安装过程在虚拟机中实现。

项目实施

任务 1 安装 Windows Server 2008 R2

（1）首先将 Windows Server 2008 R2 Enterprise Edition 的安装光盘放入光驱，然后在 BIOS 中设置计算机启动顺序为 CD-ROM。重启系统后，进入选择输入语言和其他选项安装界面，如图 1-1 所示。

（2）单击"下一步"按钮，然后单击"现在安装"按钮，如图 1-2 所示。

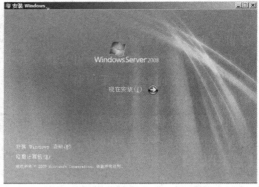

图 1-1 选择语言和其他选项　　　　　　　　　　图 1-2 开始安装

（3）在"选择要安装的操作系统）"界面中，选择"Windows Server 2008 R2 Enterprise（完全安装）"选项，然后单击"下一步"按钮，如图 1-3 所示。

（4）在"请阅读许可条款"界面中，勾选"我接受许可条款"复选框，然后单击"下一步"按钮，如图 1-4 所示。

图 1-3 选择 Windows 安装版本　　　　　　　　图 1-4 接受许可条款

（5）在"您想进行何种类型的安装？"界面中，选择"自定义（高级）"选项，如图 1-5 所示。

（6）在"您想将 Windows 安装在何处？"界面中，选择系统安装的分区，并将主分区容量设置为 30GB，其余两个逻辑分区容量设置为 5GB，然后单击"下一步"按钮，如图 1-6 所示。

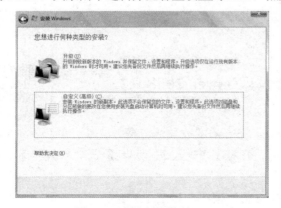

图 1-5 选择安装类型　　　　　　　　　　　　图 1-6 选择安装分区

（7）安装程序复制文件并开始安装功能、更新，直至完成，如图 1-7 所示。

（8）重启系统后，提示用户首次登录之前必须更改密码，单击"确定"按钮，如图 1-8 所示。

图 1-7 完成安装图

图 1-8 更改首次登录密码

（9）重新设置登录密码之后，单击"确定"按钮，如图 1-9 所示。

（10）密码设置成功，单击"确定"按钮即可进入系统，如图 1-10 所示。

图 1-9 设置登录密码

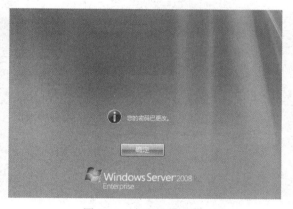

图 1-10 密码设置成功

任务 2 Windows Server 2008 R2 基本配置

1. 配置服务器名称和工作组

（1）单击"开始"按钮，在"搜索程序和文件"文本框中输入"icon"关键字，然后在弹出的搜索结果中单击"显示或隐藏桌面上的通用图标"链接，弹出"桌面图标设置"对话框，勾选"计算机"、"网络"、"控制面板"等复选框，单击"确定"按钮，将其显示在桌面上，如图 1-11 所示。

（2）右击桌面上的"计算机"图标，在弹出的快捷键菜单中选择"属性"命令，弹出"系统"窗口，如图 1-12 所示。

图 1-11　更改桌面显示图标

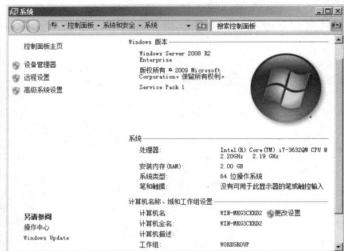

图 1-12　"系统"窗口

（3）单击"更改设置"链接，弹出"系统属性"对话框，如图 1-13 所示。

（4）单击"更改"按钮，弹出"计算机名/域更改"对话框，输入更改的计算机名称和工作组，单击"确定"按钮，如图 1-14 所示。

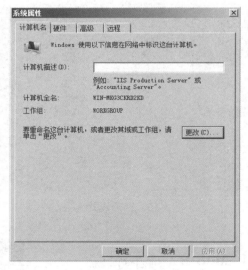

图 1-13　"系统属性"对话框

图 1-14　更改计算机名和工作组

（5）重新启动系统之后，完成设置。

2．配置服务器 IP 地址

（1）右击桌面上的"网络"图标，弹出"网络和共享中心"窗口，如图 1-15 所示。

（2）单击"更改适配器设置"链接，弹出"网络连接"对话框，右击"本地连接"图标，在弹出的快捷菜单中选择"属性"命令，如图 1-16 所示。

（3）弹出"本地连接属性"对话框，双击"Internet 协议版本 4（TCP/IPv4）"选项，如图 1-17 所示。

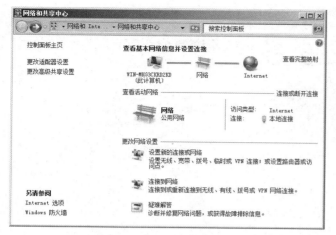

图 1-15 "网络和共享中心"窗口

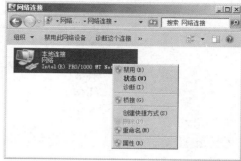

图 1-16 网络连接

（4）弹出"Internet 协议版本 4(TCP/IPv4)属性"对话框，设置 IP 参数，如图 1-18 所示。

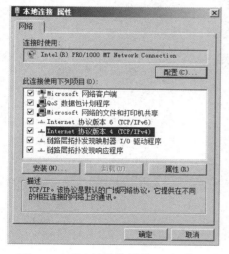

图 1-17 "本地连接属性"对话框

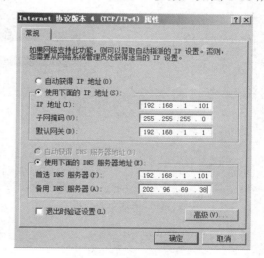

图 1-18 设置 IP 参数

任务 3 创建与管理本地用户账户和组账户

1．创建本地用户账户

（1）选择"开始"/"管理工具"/"计算机管理"命令，弹出"计算机管理"窗口，选择左侧窗格中的"本地用户和组"选项，然后选择"用户"选项，在右侧窗格中右击，在弹出的快捷菜单中选择"新用户"命令，如图 1-19 所示。

（2）弹出"新用户"对话框，设置用户名和密码等信息，单击"创建"按钮，如图 1-20 所示。

（3）在新创建的账户上右击，在弹出的快捷菜单中选择"属性"命令，如图 1-21 所示。

（4）弹出用户属性设置对话框，可以对新建账户相关属性参数进行设置，如图 1-22 所示。

图 1-19　"计算机管理"窗口

图 1-20　创建新账户

图 1-21　选择账户属性

图 1-22　设置账户属性

2．修改和删除用户账户

（1）在新创建的账户上右击，在弹出的快捷菜单中选择"设置密码"命令，可以重新设置账户的密码，如图 1-23 所示。

（2）在新创建的账户上右击，在弹出的快捷菜单中选择"删除"命令，可以删除账户，如图 1-24 所示。

图 1-23　重新设置账户密码

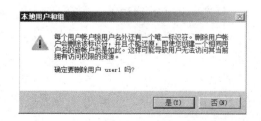

图 1-24　删除账户

（3）在新创建的账户上右击，在弹出的快捷菜单中选择"重命名"命令，可以重新设置账户名。

3. 创建本地组账户

（1）选择"开始"/"管理工具"/"计算机管理"命令，弹出"计算机管理"窗口，选择左侧窗格中的"本地用户和组"选项，然后选择"组"选项，在右侧窗格中右击，在弹出的快捷菜单中选择"新建组"命令，可以新建组并将账户添加到组中，如图 1-25 所示。

图 1-25　新建组并添加账户

（2）如果要进行组重命名、删除等操作，可以右击组名，在弹出的快捷菜单中选择相应命令完成。

实训题

ZJZZ 公司是一家网络系统集成公司，最近购置了几台服务器，满足业务的需求。现要求网络管理人员为这些服务器安装 Windows Server 2008 R2 网络操作系统且完成基本运行环境配置。

【需求描述】

安装 Windows Server 2008 R2 Enterprise Edition 网络操作系统；

规划服务器名称和 IP 地址；

配置服务器的网络参数；

测试服务器之间的网络连通性；

创建组账户 testusergroup 和用户账户 testuser1、testuser2、testuser3；

将用户账户添加到组中。

项目 2

配置和管理磁盘

HXZ 公司新购置了文件服务器，随机标配一块 SCSI 硬盘，网络管理员已经为该服务器安装了 Windows Server 2008 R2 Enterprise Edition 网络操作系统，现需要增加 3 块 SCSI 硬盘，以满足对数据的快速读写、容错、磁盘利用率高、限制普通用户使用磁盘空间等业务要求。

项目目标

◇ 理解磁盘类型及功能；
◇ 会配置基本磁盘；
◇ 理解动态磁盘；
◇ 会配置简单卷、跨区卷、带区卷、镜像卷和 RAID-5 卷；
◇ 会使用磁盘配额限制用户使用磁盘空间。

知识准备

1. 磁盘管理

磁盘管理是一种用于管理磁盘及其所包含的卷或分区的系统实用工具。使用磁盘管理可以初始化磁盘、创建卷以及使用 FAT、FAT32 或 NTFS 文件系统格式化卷。在进行磁盘初始化时，要选择相应的磁盘分区形式。磁盘管理可以无需重启系统或中断用户就执行与磁盘相关的大部分任务。大多数配置的更改可以立即生效。

Windows Server 2008 R2 网络操作系统中的磁盘管理工具可以完成对基本磁盘和动态磁盘的创建和管理工作，图 2-1 所示为磁盘管理工具的界面。

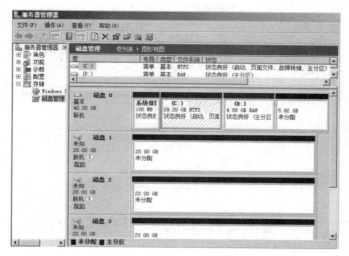

图 2-1 磁盘管理工具界的面

Windows Server 2008 R2 操作系统已经安装在磁盘 0 的 C 盘中，磁盘 1、磁盘 2、磁盘 3 是新添加的 3 块 SCSI 硬盘，在新添加的 3 块 SCSI 硬盘上分别右击，在弹出的快捷菜单中选择"联机"命令，完成对新加磁盘的联机操作，如图 2-2 所示。

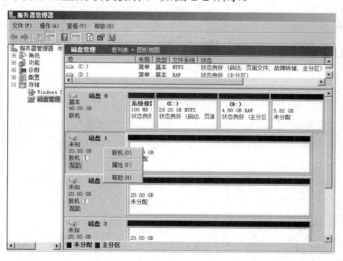

图 2-2 联机磁盘

在联机之后的磁盘上右击，在弹出的快捷菜单中选择"初始化磁盘"命令，弹出"初始化磁盘"对话框，完成对新加磁盘的初始化，然后才能使用，如图 2-3 所示。

2．磁盘类型

1）基本磁盘

基本磁盘是传统的磁盘系统，新安装的硬盘默认是基本磁盘。Microsoft 公司的所有 Windows 操作系统都支持基本磁盘。

在使用基本磁盘时，首先要将基本磁盘划分成一个或多个磁盘分区，然后向磁盘中存储数据。基本磁盘的磁盘分区可分为主磁盘分区（主分区）和扩展磁盘分区（扩展分区）。主分区上的引导文件可以用来启动计算机，扩展分区是为了建立更多的逻辑分区而创建的。

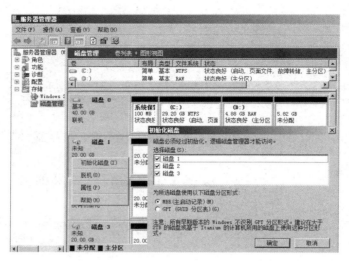

图 2-3　初始化磁盘

2）动态磁盘

自 Microsoft 以来的操作系统都支持基本磁盘，而 Windows 2000 及其以后的操作系统支持动态磁盘。Microsoft 在动态磁盘中不使用磁盘分区，而使用卷来表示动态磁盘上的可指定驱动器符号的区域。卷的使用方式与基本磁盘的主分区或逻辑驱动器相似，一般需要分配驱动器盘符并格式化后保存数据。动态磁盘在功能上比基本磁盘具有较强的扩展性和可靠性。

（1）简单卷：一种由单一动态磁盘的磁盘空间组成的动态卷。简单卷可以由一个磁盘上的单个区域或同一磁盘上连接在一起的多个区域组成。只能在动态磁盘上创建简单卷，简单卷不具备容错能力。

（2）跨区卷：一种由多个物理磁盘空间组成的动态卷。如果一个简单卷不是系统卷或引导卷，则可以将其扩展到其他磁盘以创建跨区卷，或者在动态磁盘上未分配空间创建跨区卷。

若要创建跨区卷，除了启动磁盘外，还需要至少两个动态磁盘。跨区卷最多可以扩展到 32 个动态磁盘。

（3）带区卷：又称 RAID-0 卷，是一种以带区形式在两个或多个物理磁盘上存储数据的动态卷。创建带区卷的磁盘空间必须相同。带区卷上的数据被均匀地以带区形式跨磁盘交替分配。带区卷是 Windows 的所有可用卷中性能最佳的卷，但其不具备容错能力。如果带区卷中的某个磁盘发生故障，则整个卷中的数据都将丢失。

只能在动态磁盘上创建带区卷，但无法扩展带区卷。带区卷最多可以创建在 32 个动态磁盘上。

（4）镜像卷：又称 RAID-1 卷，是具有容错能力的卷，它通过使用卷的两个副本或镜像复制存储在卷中的数据从而提供数据冗余性。创建镜像卷的磁盘空间必须相同。写入到镜像卷中的所有数据都写入到位于独立的物理磁盘上的两个镜像中。如果其中一个物理磁盘出现故障，则该故障磁盘上的数据将不可用，但是系统可以使用未受影响的磁盘继续操作。当镜像卷中的一个镜像出现故障时，则必须将该镜像卷中断，使得另一个镜像成为具有独立驱动器号的卷，然后可以在其他磁盘中创建新镜像卷，该卷的可用空间应与之相同或更大。当创建镜像卷时，最好使用大小、型号和制造商都相同的磁盘。

（5）RAID-5 卷：数据和奇偶校验间断分布在 3 个或更多物理磁盘的容错卷。如果物理磁盘的某一部分失败，则可以用余下的数据和奇偶校验重新创建磁盘上失败的那部分数据。对于多数活动由读取数据构成的计算机环境中的数据冗余来说，RAID-5 卷是一种很好的解决方案。

（6）RAID（Redundant Array of Inexpensive Disks，廉价冗余磁盘阵列）简称为磁盘阵列。可以把 RAID 理解成一种使用磁盘驱动器的方法，它将一组磁盘驱动器用某种逻辑方式联系起来，作为逻辑上的一个磁盘驱动器来使用。RAID 一般在 SCSI 磁盘驱动器上使用。

RAID 实现方式有两种：软件方式和硬件方式。硬件方式是使用专门的硬件设备，如 RAID 卡和 SCSI 硬盘等。这种方式由于部分工作由 RAID 卡处理，所以在性能和速度方面都有明显的优势，专用的服务器一般采用这种方式。软件方式是通过操作系统或其他软件实现的。

3．磁盘分区

在使用基本磁盘方式管理磁盘时，首先要将磁盘划分为一个或多个磁盘分区，才可以向磁盘中存放数据。基本磁盘的磁盘分区可以分为主分区、扩展分区和逻辑分区。

1）主分区

主分区是可以用来引导操作系统的分区，一般是操作系统的引导文件所在的位置。在 Windows Server 2008 R2 中，每块基本磁盘的前 3 个分区都自动创建为主分区，每块基本磁盘最多可以创建 4 个主分区或者 3 个主分区加上 1 个扩展分区。每个主分区都可以引导磁盘上的操作系统，但同时只能有一个主分区处于激活状态。

多个主分区的优点是可以互不干扰地安装多个操作系统，用户可以通过激活不同的主分区而引导不同的操作系统。当某一个主分区的操作系统损坏时，不会影响到在其他主分区上安装的操作系统。

2）扩展分区

如果主分区的数量达到 3 个，磁盘上还有未分配的磁盘空间，执行"新建简单卷"操作就会将剩余的空间划分为扩展分区空间使用，每一块磁盘上只能有一个扩展分区。扩展分区不能用来启动操作系统，并且扩展分区在划分之后不能直接使用，不能被赋予盘符，必须要在扩展分区中划分逻辑分区后才能使用。

一个扩展分区可以划分成多个逻辑分区。

3）逻辑分区

用户不能直接访问扩展分区，而需要在扩展分区内部再划分若干个部分，这些部分称为逻辑分区。每个逻辑分区都可以被赋予一个盘符。逻辑分区不能直接用来启动操作系统，但可以将操作系统的引导文件存放到主分区上，而将操作系统的其他文件存放到逻辑分区上。

在 Windows Server 2008 R2 中，如果需要分区的数量小于等于 3，则创建的分区都是主分区；如果分区的数量大于 3，则将创建 3 个主分区和 1 个扩展分区，然后在扩展分区中建立若干个逻辑分区。

4．磁盘配额

磁盘配额就是管理员可以为用户所能使用的磁盘空间进行的配额限制，每一用户只能使用最大配额范围内的磁盘空间。设置磁盘配额后，可以对每一个用户的磁盘使用情况进行跟踪和控制，通过监测可以标识出超过配额报警阈值和配额限制的用户，从而采取相应的措施。磁盘配额管理功能的提供，使得管理员可以方便合理地为用户分配存储资源，可以限制指定账户能够使用的磁盘空间，这样可以避免因某个用户的过度使用磁盘空间造成其他用户无法正常工作甚至影响系统运行，避免由于磁盘空间使用的失控可能造成的系统崩溃，提高了系统的安全性。

磁盘配额在服务器管理中非常重要，但对单机用户来说意义不大。目前在 Microsoft 的 Windows 系列操作系统中，只有 Windows 2000 及以后版本并且使用 NTFS 文件系统才能实现这一功能。

 项目设计及准备

1. 项目设计

在已经安装好 Windows Server 2008 R2 Enterprise Edition 网络操作系统的文件服务器上进行磁盘管理，在磁盘 1 上完成创建主分区、扩展分区、逻辑分区和删除分区的操作；在磁盘 1 和磁盘 2 上完成创建简单卷、跨区卷、带区卷、镜像卷的操作；在磁盘 1、磁盘 2 和磁盘 3 上完成创建 RAID-5 卷的操作，并且为磁盘 1 中的动态卷 F 设置磁盘配额，要求普通员工磁盘空间限制为 200MB，超过 190MB 时警告，经理的磁盘空间限制为 500MB，超过 490MB 时警告。

2. 项目准备

为了完成该项目，需要具备如下实施条件。

（1）VMware Workstation 10 虚拟机软件安装完毕。

（2）在虚拟环境下，Windows Server 2008 R2 Enterprise Edition 网络操作系统安装完毕。

（3）在虚拟系统中添加 3 块 SCSI 硬盘。

（4）在虚拟系统中添加 "boss" 用户。

 项目实施

任务 1　创建与管理基本磁盘

1. 创建主分区

（1）右击磁盘 1 的未分配空间，在弹出的快捷菜单中选择"新建简单卷"命令，如图 2-4 所示。

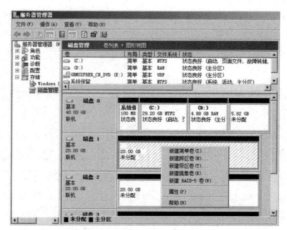

图 2-4　选择"新建简单卷"命令

（2）在"欢迎使用新建简单卷向导"界面中，单击"下一步"按钮，如图 2-5 所示。

（3）在"指定卷大小"界面中，输入主分区的大小，单击"下一步"按钮，如图 2-6 所示。

（4）在"分配驱动器号和路径"界面中，指定驱动器号为"F"，单击"下一步"按钮，如图 2-7 所示。

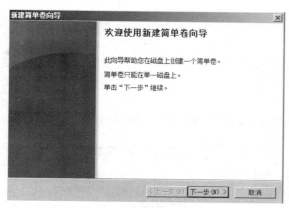

图 2-5　新建简单卷向导

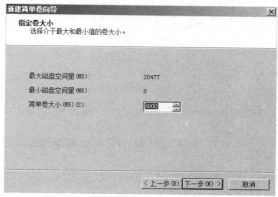

图 2-6　输入主分区大小

（5）在"格式化分区"界面中，设置格式化选项，单击"下一步"按钮，如图 2-8 所示。

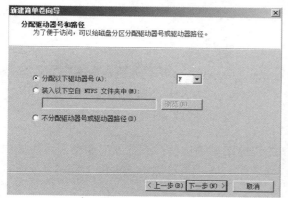

图 2-7　指定驱动器号

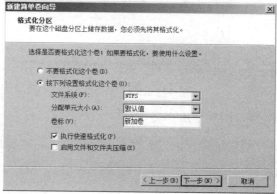

图 2-8　设置格式化选项

（6）在"正在完成新建简单卷向导"界面中，单击"完成"按钮，如图 2-9 所示。

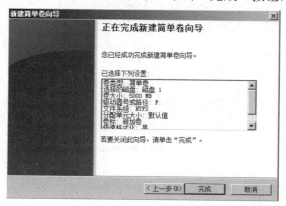

图 2-9　创建主分区完成

2．创建扩展分区

磁盘 1 上已经创建了 3 个主分区，在磁盘上的未分配空间上右击，在弹出的快捷菜单中选择"新建简单卷"命令，会将所有剩余空间划分成一个扩展分区，具体操作过程与创建主分区基本相同，创建的扩展分区如图 2-10 所示。

3．创建逻辑分区

磁盘 1 上创建了 3 个主分区和 1 个扩展分区，在扩展分区上右击，在弹出的快捷菜单中选择"新建简单卷"命令，可以创建逻辑分区，具体操作过程与创建主分区基本相同，创建的逻辑分区如图 2-11 所示。

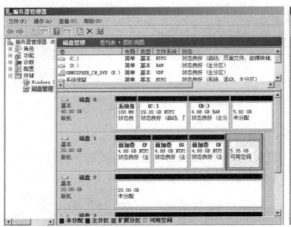 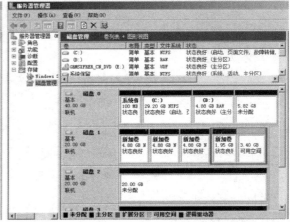

图 2-10　创建扩展分区　　　　　　　　　图 2-11　创建逻辑分区

4．删除分区

要删除分区，需在对应分区上右击，在弹出的快捷菜单中选择"删除卷"命令，然后按照提示完成即可。如果要删除扩展分区，需首先删除逻辑分区，再删除扩展分区。图 2-12 所示为删除主分区操作。

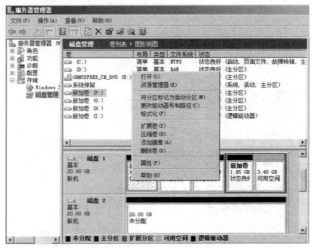

图 2-12　删除主分区

任务 2　创建与管理动态磁盘

1. 基本磁盘转换为动态磁盘

Windows Server 2008 R2 操作系统默认使用的磁盘类型是基本磁盘，要创建与管理动态磁盘，需要先将基本磁盘转换为动态磁盘，步骤如下。

（1）在需转换的基本磁盘上右击，在弹出的快捷菜单中选择"转换到动态磁盘"命令，如图 2-13 所示。

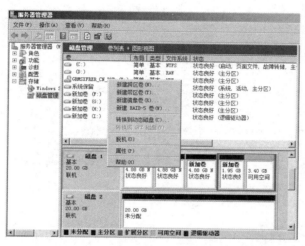

图 2-13　选择"转换到动态磁盘"命令

（2）在"转换为动态磁盘"对话框中，选中需要转换的基本磁盘，单击"确定"按钮，如图 2-14 所示。

（3）在"要转换的磁盘"对话框中，单击"转换"按钮，如图 2-15 所示。

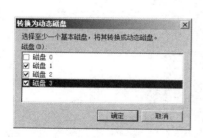

图 2-14　选中转换磁盘

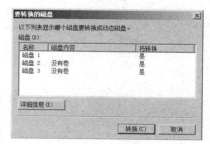

图 2-15　开始转换

（4）在"磁盘管理"警告对话框中，单击"是"按钮，如图 2-16 所示。

图 2-16　"磁盘管理"警告对话框

（5）基本磁盘转换为动态磁盘之后如图 2-17 所示。

2．简单卷

右击磁盘 2 的未分配空间，在弹出的快捷菜单中选择"新建简单卷"命令，进入"欢迎使用新建简单卷向导"界面，按照提示操作即可完成简单卷的创建，操作步骤同创建主分区是相同的。磁盘 2 上创建简单卷完成之后如图 2-18 所示。

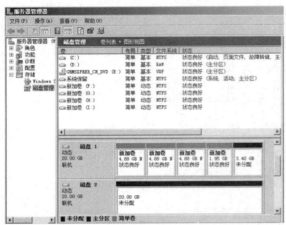

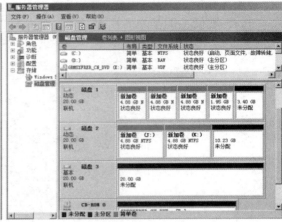

图 2-17　转换完成　　　　　　　　　　图 2-18　创建简单卷

3．跨区卷

（1）在磁盘 1 上右击，在弹出的快捷菜单中选择"新建跨区卷"命令，如图 2-19 所示。
（2）在"欢迎使用新建跨区卷向导"界面中，单击"下一步"按钮，如图 2-20 所示。

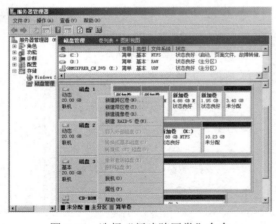

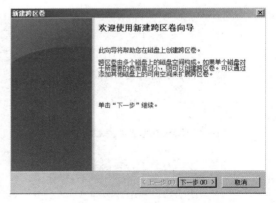

图 2-19　选择"新建跨区卷"命令　　　　图 2-20　新建跨区卷向导

（3）在"选择磁盘"界面中，选择要创建跨区卷的磁盘并设置好容量，单击"下一步"按钮，如图 2-21 所示。
（4）在"分配驱动器号和路径"界面中，指定驱动器号为"L"，单击"下一步"按钮，如图 2-22 所示。
（5）在"卷区格式化"界面中，设置格式化选项，单击"下一步"按钮，如图 2-23 所示。
（6）在"正在完成新建跨区卷向导"界面中，单击"完成"按钮，如图 2-24 所示。

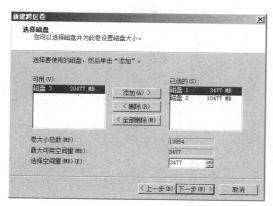

图 2-21　选择磁盘

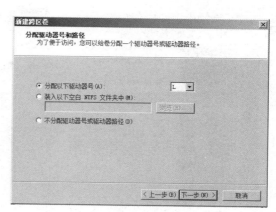

图 2-22　指定驱动器号

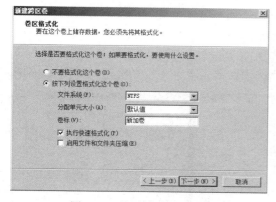

图 2-23　设置格式化选项

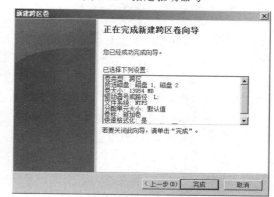

图 2-24　创建跨区卷完成

（7）磁盘 1、磁盘 2 创建跨区卷后的界面如图 2-25 所示。

4．带区卷

（1）在磁盘 1 上右击，在弹出的快捷菜单中选择"新建带区卷"命令，如图 2-26 所示。

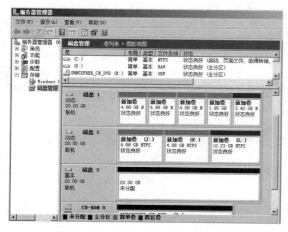

图 2-25　跨区卷创建后的界面

图 2-26　选择"新建带区卷"命令

（2）在"欢迎使用新建带区卷向导"界面中，单击"下一步"按钮，如图 2-27 所示。

（3）在"选择磁盘"界面中，选择要创建带区卷的磁盘并设置好容量，单击"下一步"按

网络服务器配置与管理（Windows Server 2008）

钮，如图 2-28 所示。

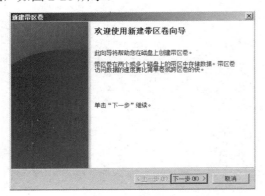

图 2-27 新建带区卷向导

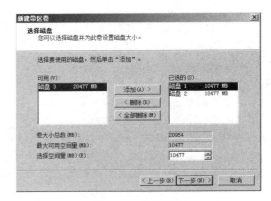

图 2-28 选择磁盘

（4）在"分配驱动器号和路径"界面中，指定驱动器号为"H"，单击"下一步"按钮，如图 2-29 所示。

（5）在"卷区格式化"界面中，设置格式化选项，单击"下一步"按钮，如图 2-30 所示。

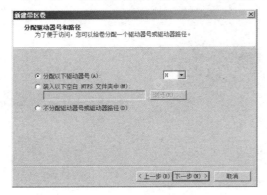

图 2-29 指定驱动器号

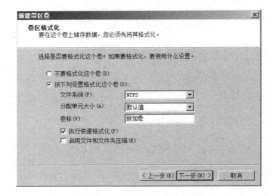

图 2-30 设置格式化选项

（6）在"正在完成新建带区卷向导"界面中，单击"完成"按钮，如图 2-31 所示。

（7）磁盘 1、磁盘 2 创建带区卷后的界面如图 2-32 所示。

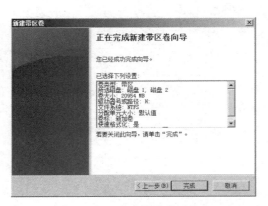

图 2-31 完成创建带区卷

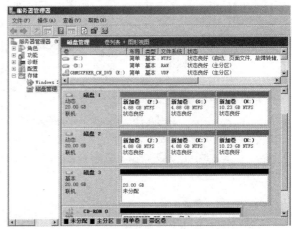

图 2-32 带区卷创建后的界面

5. 镜像卷

镜像卷的创建过程与带区卷创建过程相同，磁盘 1、磁盘 2 创建镜像卷后的界面如图 2-33 所示。

6. RAID-5 卷

（1）在磁盘 1 上右击，在弹出的快捷菜单中选择"新建 RAID-5 卷"命令，如图 2-34 所示。

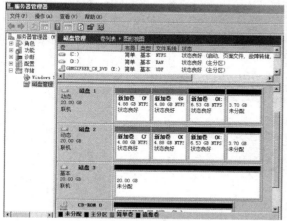

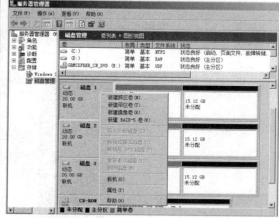

图 2-33 镜像卷创建后的界面 　　　　　图 2-34 选择"新建 RAID-5 卷"命令

（2）在"欢迎使用新建 RAID-5 卷向导"界面中，单击"下一步"按钮，如图 2-35 所示。

（3）在"选择磁盘"界面中，选择要创建 RAID-5 卷的磁盘并设置好容量，单击"下一步"按钮，如图 2-36 所示。

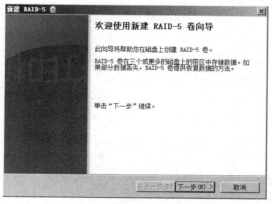

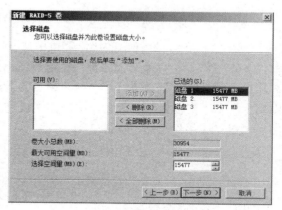

图 2-35 新建 RAID-5 卷向导 　　　　　　图 2-36 选择磁盘

（4）在"分配驱动器号和路径"界面中，指定驱动器号为"H"，单击"下一步"按钮，如图 2-37 所示。

（5）在"卷区格式化"界面中，设置格式化选项，单击"下一步"按钮，如图 2-38 所示。

（6）在"正在完成新建 RAID-5 卷向导"界面中，单击"完成"按钮，如图 2-39 所示。

（7）磁盘 1、磁盘 2、磁盘 3 创建 RAID-5 卷后的界面如图 2-40 所示。

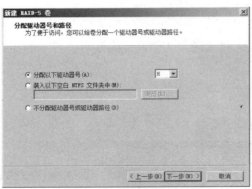

图 2-37　指定驱动器号　　　　　　　　　　图 2-38　设置格式化选项

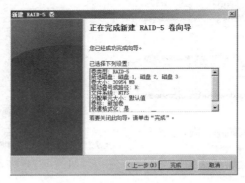

图 2-39　创建 RAID-5 卷完成

任务 3　配置磁盘配额

（1）右击卷 F，在弹出的快捷菜单中选择"属性"命令，弹出"新加卷（F：）属性"对话框，单击"配额"标签，勾选"启用配额管理"、"拒绝将磁盘空间给超过配额限制的用户"、"用户超出配额限制时记录事件"、"用户超过警告级时记录事件"等复选框，然后将"将磁盘空间限制为"和"将警告等级设为"两项分别设置为"200"和"190"，并且设置好单位为"MB"，然后单击"应用"按钮，如图 2-41 所示。

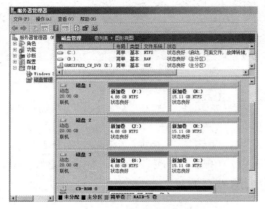

图 2-40　RAID-5 卷创建后的界面

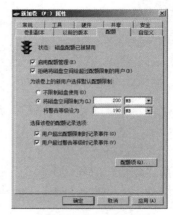

图 2-41　设置磁盘配额

（2）单击图 2-41 中的"配额项"按钮，弹出"新建卷（F:）的配额项"对话框，选择工具栏中的"配额"/"新建配额项"命令，如图 2-42 所示，弹出"选择用户"对话框。

（3）在"选择用户"对话框中，选择用户"boss"，单击"确定"按钮，如图 2-43 所示。

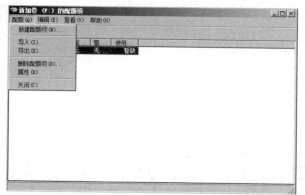

图 2-42　选择"新建配额项"命令

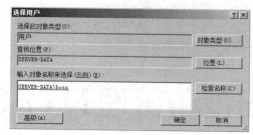

图 2-43　选择用户

（4）在"添加新配额项"对话框中，将"将磁盘空间限制为"和"将警告等级设为"两项分别设置为"500"和"490"，并且设置好单位为"MB"，单击"确定"按钮完成设置，如图 2-44 所示。

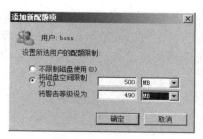

图 2-44　设置新配额项

实训题

ZJZZ 公司为文件服务器增加了 3 块容量为 1TB 的 SCSI 硬盘，为了方便使用，创建简单卷存放公司的公用资料，建立 RAID-5 卷存放各部门的重要技术资料。限制各部门存储资料使用的磁盘空间大小，部门经理限制为 1GB，普通员工限制为 500MB。

【需求描述】

安装 3 块 SCSI 硬盘并初始化；

将 3 块基本磁盘转换为动态磁盘；

在磁盘 1 上创建简单卷；

在磁盘 1、磁盘 2 上创建跨区卷、带区卷、镜像卷；

在磁盘 1、磁盘 2、磁盘 3 上创建 RAID-5 卷；

在简单卷上设置磁盘配额。

项目 3

配置和管理 NTFS 权限与网络打印机

项目描述

　　HXZ 公司的文件服务器上存储了各部门的资料，为了保证数据的安全，需要限制不同用户访问服务器资源的权限，如普通员工可以读取数据，部门经理可以写入数据；公司职员离职后，他所使用过的重要文件系统管理员也没有访问权限；该文件服务器上连接一台打印机，为员工提供网络打印服务。

项目目标

　　◇ 理解 NTFS 权限的概念；
　　◇ 会设置 NTFS 权限；
　　◇ 理解复制和移动对权限的影响；
　　◇ 会创建和访问共享文件夹；
　　◇ 理解共享权限和 NTFS 权限的关系；
　　◇ 会安装本地打印机和网络打印机；
　　◇ 会配置打印机池、优先级和打印权限。

知识准备

1．NTFS 权限

　　文件在磁盘上的命名、存储和组织的总体结构称为文件系统，Windows 支持的文件系统有 FAT、FAT32 和 NTFS 3 种形式，FAT 和 FAT32 是 DOS /Windows 9X/Windows Me 下的文件系统，NTFS 文件系统是 Windows 2000 以后为了弥补 FAT 和 FAT32 在安全性方面的不足而设计的。通过 NTFS 权限可以控制用户对文件和文件夹的访问，也可以控制或跟踪用户对某个 NTFS 文件或文件夹执行的所有操作，从而确保文件和文件夹的安全。

权限是指用户对于对象的访问限制，如能够新建或删除文件、文件夹、打印机等对象。

1）NTFS 权限应用原则

（1）权限累积：用户对文件或文件夹的有效权限，是用户对该文件或文件夹的 NTFS 权限和用户所属组对该用户和文件夹的 NTFS 权限的累积。

（2）文件权限超越文件夹权限：当一个用户对某个文件及其父文件夹都拥有 NTFS 权限时，如果用户对其父文件夹的权限小于对文件的权限，那么用户对该文件的有效权限以文件权限为准。

（3）拒绝权限超越其他权限：系统管理员可以根据需要拒绝指定用户访问指定文件或文件夹，当系统拒绝了用户访问某文件或文件夹时，不管用户所属组对该文件或文件夹拥有什么权限，用户都无权访问文件。

2）NTFS 权限继承可以实现的功能

（1）创建子文件或文件夹，管理员不用为子文件或文件夹授权。

（2）确保应用于父文件夹的权限应用到所有子文件和文件夹上。

（3）确保当需要修改所有子文件和文件夹的权限时，只需要修改父文件夹的权限而不用为子文件和文件夹单独授权。

（4）创建子文件或文件夹时，子文件和文件夹自动继承父文件夹的权限。

（5）修改父文件夹的权限时，子文件和文件夹自动继承父文件夹权限的修改。

3）NTFS 权限特点

（1）可以对单个文件或文件夹设置权限。

（2）支持更大的磁盘容量。

（3）支持文件加密和压缩功能，包括压缩或解压缩驱动器、文件夹或特定文件的功能。

（4）支持磁盘配额，监视和控制单个用户使用的磁盘空间情况。

4）复制和移动文件或文件夹时 NTFS 权限的变化

复制：无论文件或文件夹被复制到同一个或不同的 NTFS 分区内，都将继承目的地的 NTFS 权限。

移动：如果文件或文件夹被移动到同一个 NTFS 分区，则保持原来的权限；如果文件或文件夹被移动到另一个 NTFS 分区，则继承目的地权限。

如果文件或文件夹从 NTFS 分区复制到 FAT/FAT32 分区，则 NTFS 权限将消失。当移动文件或文件夹时，必须对源文件或文件夹具有修改权限，且必须对目的地文件夹具有写入权限。

2．文件和文件夹权限

1）文件和文件夹的权限分类

（1）NTFS 权限：仅在 NTFS 磁盘上的文件或文件夹具有此权限。NTFS 权限称为文件和文件夹的访问权限。

（2）共享权限：只要是共享的文件夹（称为共享文件夹）就具有此权限。若该文件夹也存在 NTFS 磁盘上，则同时具有 NTFS 权限和共享权限。

用户对 NTFS 磁盘内的文件具有适当的权限后，才能访问这些资源。权限可以分为标准权限与特殊权限，标准权限可以满足一般需求，特殊权限可以更精确地分配权限。

2）标准的 NTFS 文件权限

（1）读取（Read）：可以读取文件内容，查看文件属性与权限。

（2）写入（Write）：可以修改文件内容、向文件中添加数据或修改文件属性等。

（3）读取和执行（Read&Execute）：除了拥有读取的所有权限外，还具备运行应用程序的权限。

（4）修改（Modify）：除了拥有读取、写入、读取和执行的所有权限外，还可以删除文件。

（5）完全控制（Full Control）：拥有所有的 NTFS 文件权限，即上述所有权限，还拥有更改权限与取得所有权的特殊权限。

3）标准的 NTFS 文件夹权限

（1）读取：可以查看文件夹内的文件与子文件名，查看文件夹属性与权限等。

（2）写入：可以在文件夹内新建文件与子文件夹，修改文件夹属性等。

（3）列出文件夹内容：除了拥有读取的所有权限外，还具备遍历文件夹的权限，即打开或关闭文件夹。

（4）读取和执行：拥有与列出文件夹内容几乎完全相同的权限，只在权限继承方面有所不同。列出文件夹内容权限只会被文件夹继承，而读取和执行会同时被文件夹与文件继承。

（5）修改：除了拥有上述所有权限外，还可以删除文件夹。

（6）完全控制：拥有所有的 NTFS 文件夹权限，还具有更改权限与取得所有权的特殊权限。

3．共享权限

1）共享权限

共享权限是用来控制用户通过网络访问共享文件夹的，比 NTFS 权限少，只有读取、修改和完全控制 3 种。

（1）读取：查看文件名及子文件夹名，查看文件中的数据，运行程序文件。

（2）更改：除了读取权限外，还能够新建与删除文件和子文件夹，更改文件内的数据。

（3）完全控制：除了以上两种权限外，还具有更改权限（只适用于 NTFS 文件系统内的文件或文件夹）。

2）共享权限与 NTFS 权限

如果共享权限文件夹处于 NTFS 分区，则用户通过网络访问共享文件的最终有效权限取两者之中最严格的设置。

共享文件夹权限只对通过网络来访问文件夹的用户有限制作用，如果用户由本地登录，则不会受此权限限制，只受 NTFS 权限的限制。

4．打印服务

（1）物理打印机：用于打印的硬件设备，通常称为打印设备，包括本地打印设备和网络打印设备。

（2）逻辑打印机：介于客户端应用程序与物理打印机之间的软件接口，是为使用打印设备而添加的软件。

（3）打印服务器：为网络用户提供打印服务的计算机，它连接着物理打印设备，并将此打印设备共享给网络用户。打印服务器负责接收用户发来的文件，然后将它发往打印设备。

（4）打印机池：一台逻辑打印机对应多台相同型号或兼容的打印设备，也就是一个打印机可以同时使用多台打印设备来打印文档。当用户将文件发送到此打印机时，打印机会根据打印设备的忙碌状态来决定要将此文档发到打印机池中的哪一台打印设备进行打印。

项目设计及准备

1．项目设计

HXZ 公司的文件服务器上有名为 data1、data2（Administrator 创建）和 data3（employee1 创建）的文件夹，data1、data2 文件夹位于同一个 NTFS 分区，data3 文件夹位于另一个 NTFS 分区，雇员 employee1 和 employee2 属于 group1 组，雇员 employee3 和 employee4 属于 group2 组。

雇员 employee1 只能读取 data1 文件夹的内容，但是不能修改文件夹内容；雇员 employee2 只能读取和修改 data1 文件夹的内容；雇员 employee3 只能完全控制 data2 文件夹的内容；雇员 employee4 只能读取 data2 文件夹的内容，data3 文件夹内容只有 employee1 能够读取访问控制。

现因工作调整，employee1 调离原有岗位，要求系统管理员能够访问 data3 文件夹中的内容。

公用资料存放在名为 share 的文件夹中，员工通过网络可以随时访问读取。

文件服务器上连接了一台名为 Canon Inkjet iX5000 的打印机，为员工提供网络打印服务，经理优先打印。

2．项目准备

为了完成该项目，需要具备如下实施条件。

（1）VMware Workstation 10 虚拟机软件安装完毕。

（2）在虚拟环境下，Windows Server 2008 R2 Enterprise Edition 网络操作系统已经安装完毕。

（3）以 Administrator 身份登录系统，创建 data1、data2、share 文件夹，创建 employee1、employee2、employee3 用户账户和 group1、group2 用户组，并且把用户账户添加到对应组中。

（4）以 employee1 身份登录系统，创建 data3 文件夹。

项目实施

任务 1　设置 NTFS 权限

（1）以 Administrator 用户登录系统，右击"data1"文件夹，在弹出的快捷菜单中选择"属性"命令，弹出"data1 属性"对话框，选择"安全"标签，如图 3-1 所示。

（2）单击图 3-1 中的"编辑"按钮，弹出"data1 的权限"设置对话框，如图 3-2 所示。

（3）单击图 3-2 中的"添加"按钮，弹出"选择用户或组"对话框，添加用户账户 employee1 和 employee2，然后单击"确定"按钮，如图 3-3 所示。

（4）在"data1 的权限"设置对话框中，分别设置 employee1 和 employee2 对 data1 文件夹的权限，如图 3-4 和图 3-5 所示。

图 3-1　"安全"标签

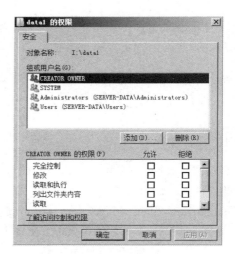

图 3-2　权限设置

图 3-3　添加用户账户

图 3-4　设置 employee1 的权限

（5）单击图 3-1 中的"高级"按钮，弹出"data1 的高级安全设置"对话框，选择"权限"标签，如图 3-6 所示。

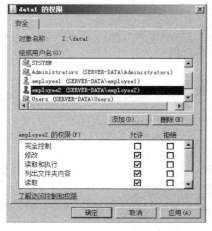

图 3-5　设置 employee2 的权限

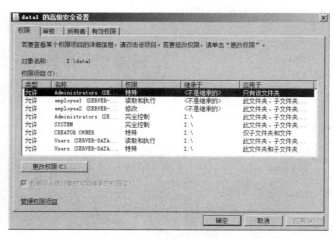

图 3-6　"data1 的高级安全设置"对话框

（6）单击图 3-6 中的"更改权限"按钮，弹出权限项目设置对话框，如图 3-7 所示。

（7）取消勾选图 3-7 中的"包括可从该对象的父项继承的权限"复选框，在弹出的提示对话框中单击"删除"按钮，删除从父项继承的权限，如图 3-8 所示。

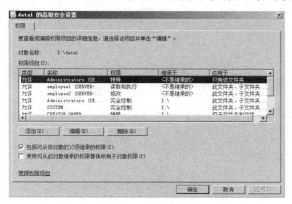

图 3-7 data1 权限项目

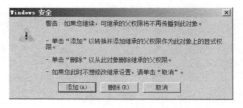

图 3-8 删除继承的父权限

（8）设置完成之后如图 3-9 所示。

（9）按照上述操作完成用户账户 employee3 和 employee4 对 data2 文件夹的权限设置。

（10）以 employee1 用户登录系统，右击"data3"文件夹，在弹出的快捷菜单中选择"属性"命令，弹出"data3 属性"对话框，选择"安全"标签，单击"编辑"按钮，弹出"data3 的权限"设置对话框，选中 employee1 用户并设置其权限，然后单击"确定"按钮，如图 3-10 所示。

图 3-9 权限设置完成

图 3-10 设置 employee1 的权限

（11）在"data3 属性"设置对话框中，选择"安全"标签，单击"高级"按钮，弹出"data3 的高级安全设置"对话框，选择"权限"标签，单击"更改权限"按钮，在弹出的权限设置对话框中，取消勾选"包括可从该对象的父项继承的权限"复选框，在弹出的提示对话框中，单击"删除"按钮，然后单击"确定"按钮，如图 3-11 所示。

（12）以 Administrator 用户登录系统，访问 data3 文件夹，提示无权访问，如图 3-12 所示。单击"继续"按钮，提示拒绝访问，如图 3-13 所示。

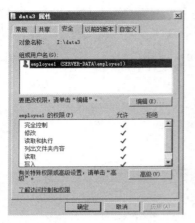

图 3-11　完成设置

图 3-12　无权访问

（13）右击"data3"文件夹，在弹出的快捷菜单中选择"属性"命令，弹出"data3 属性"对话框，选择"安全"标签，如图 3-14 所示。

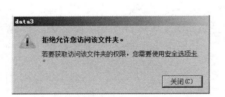

图 3-13　拒绝访问

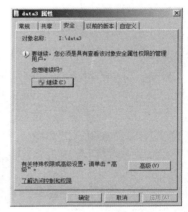

图 3-14　"安全"标签

（14）单击图 3-14 中的"高级"按钮，弹出"data3 的高级安全设置"对话框，选择"所有者"标签，单击"编辑"按钮，将所有者更改为 Administrator，并在弹出的提示对话框中，单击"确定"按钮，如图 3-15 和图 3-16 所示。

图 3-15　更改所有者安全提示对话框

图 3-16　更改所有者为 Administrator

（15）双击 data3 文件夹，弹出"您当前无权访问该文件夹"对话框，单击"继续"按钮即可实现访问。

任务 2　设置共享权限

（1）右击"share"文件夹，在弹出的快捷菜单中选择"共享"/"特定用户"命令，如图 3-17 所示。

（2）弹出"文件共享"对话框，单击下拉按钮，在下拉列表中选择与其共享的用户，单击"添加"按钮，如图 3-18 所示。

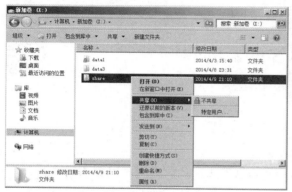

图 3-17　共享 share 文件夹

图 3-18　添加共享用户

（3）选中用户并设置其共享权限，如图 3-19 所示。

（4）单击图 3-19 中的"共享"按钮，弹出"网络发现和文件共享"对话框，可以设置是否启用所有公用网络的网络发现和文件共享，如图 3-20 所示。

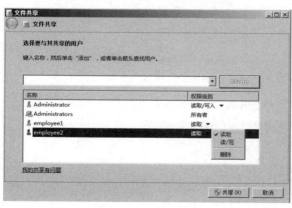

图 3-19　设置共享用户及其权限

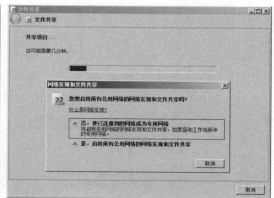

图 3-20　网络发现和文件共享

（5）单击"完成"按钮，完成设置，如图 3-21 所示。

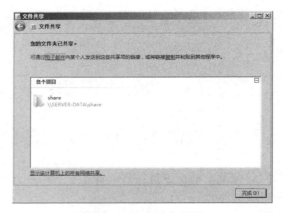

图 3-21　完成共享设置

任务 3　Windows 8 客户端访问网络文件

1．使用 UNC 路径访问共享文件夹

（1）按 Windows+R 快捷键，弹出"运行"窗口，输入"\\192.168.1.101"，单击"确定"按钮，如图 3-22 所示。

（2）弹出"Windows 安全"提示对话框，输入访问的用户名和密码，如图 3-23 所示。

图 3-22　"运行"窗口

图 3-23　输入用户名和密码

（3）单击图 3-23 中的"确定"按钮，即可访问 share 共享文件夹，如图 3-24 所示。

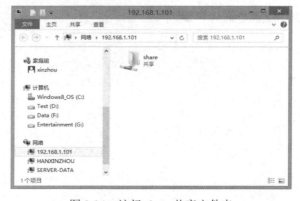

图 3-24　访问 share 共享文件夹

2．使用"映射网络驱动器"访问共享文件夹

（1）右击桌面上的"计算机"图标，在弹出的快捷菜单中选择"映射网络驱动器"命令，弹出"映射网络驱动器"对话框，选择驱动器号，单击"浏览"按钮选择需要映射的共享文件夹或输入共享文件夹的 UNC 路径，单击"完成"按钮，如图 3-25 所示。

（2）双击桌面上的"计算机"图标，即可访问共享文件夹，如图 3-26 所示。

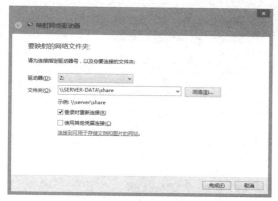

图 3-25 "映射网络驱动器"对话框

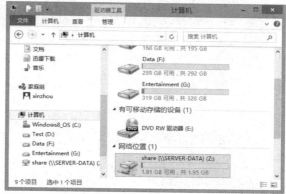

图 3-26 访问网络驱动器

任务 4 配置网络打印服务

1．服务器安装本地打印机

（1）选择"开始"/"设备和打印机"命令，弹出"设备和打印机"窗口，如图 3-27 所示。

（2）单击图 3-27 中的"添加打印机"按钮，弹出"添加打印机"对话框，选择"添加本地打印机"选项，如图 3-28 所示。

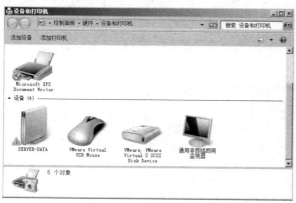

图 3-27 设备和打印机窗口

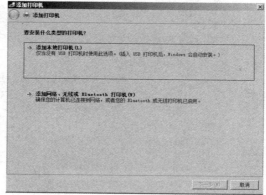

图 3-28 添加本地打印机

（3）在"选择打印机端口"界面中选中"使用现有的端口"单选按钮，并选择"LPT1：（打印机端口）"选项，单击"下一步"按钮，如图 3-29 所示。

（4）在"安装打印机驱动程序"界面中选择打印机厂商和型号，单击"下一步"按钮，如

图 3-30 所示。

图 3-29 选择打印机端口　　　　　　　　　图 3-30 选择打印机厂商和型号

（5）在"键入打印机名称"界面中，输入打印机的名称，单击"下一步"按钮，如图 3-31 所示。

（6）在"打印机共享"界面中，设置打印机共享和共享名称，单击"下一步"按钮，如图 3-32 所示。

图 3-31 设置打印机名称　　　　　　　　　图 3-32 设置共享名称

（7）在已经成功添加打印机界面中，单击"打印测试页"按钮，测试打印功能是否正常，单击"完成"按钮，如图 3-33 所示。

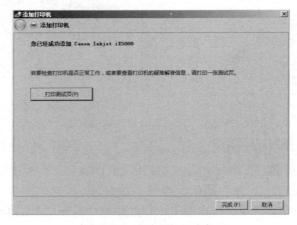

图 3-33 成功添加打印机

2．配置打印机优先级

（1）再次添加一台网络打印机，名称为 Canon Inkjet iX5000-Manager，其余操作同上，添加完成之后如图 3-34 所示。

（2）选择"打印机属性"/"Canon Inkjet iX5000-Manager"命令，弹出"Canon Inkjet iX5000-Manager 属性"对话框，选择"高级"标签，将优先级更改为"99"，单击"确定"按钮，如图 3-35 所示。

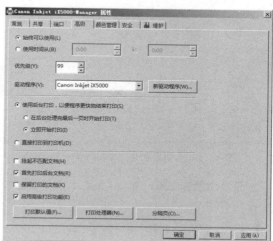

图 3-34　添加打印机 Canon Inkjet iX5000-Manager　　图 3-35　更改 Canon Inkjet iX5000-Manager 的优先级

（3）选择"打印机属性"/"Canon Inkjet iX5000"命令，弹出"Canon Inkjet iX5000 属性"对话框，选择"高级"标签，将优先级更改为"1"，单击"确定"按钮，如图 3-36 所示。

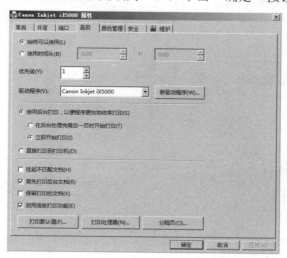

图 3-36　更改 Canon Inkjet iX5000 的优先级

3．配置打印机池

（1）添加另一台网络打印机，名称为 Canon Inkjet iX4000，在图 3-29 所示的"选择打印机端口"界面中选中"使用现有的端口"单选按钮，并选择"LPT2：（打印机端口）"选项，其余操作同上，添加成功之后如图 3-37 所示。

（2）在默认打印机 Canon Inkjet iX5000 上右击，在弹出的快捷菜单中选择"打印机属性"/"Canon Inkjet iX5000"命令，弹出"Canon Inkjet iX5000 属性"对话框，选择"端口"标签，勾选"启用打印机池"复选框，然后选中"LPT1"和"LPT2"两个端口，单击"确定"按钮，如图 3-38 所示。

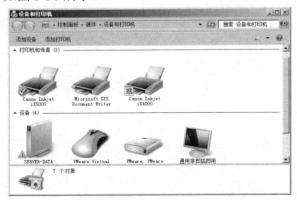

图 3-37　添加打印机 Canon Inkjet iX4000　　　　图 3-38　在 Canon Inkjet iX5000 上启用打印机池

（3）在新添加的 Canon Inkjet iX4000 上右击，重复步骤（2）的操作，完成之后如图 3-39 所示。

4．配置打印权限

在"Canon Inkjet Ix5000 属性"对话框中，选择"安全"标签，可以设置不同用户对共享打印机的使用权限，如图 3-40 所示。

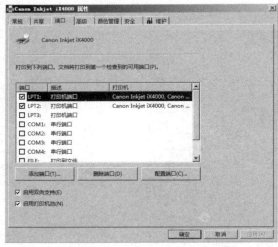

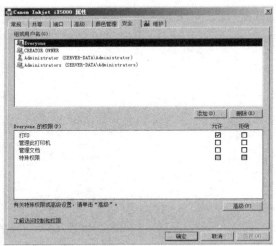

图 3-39　在 Canon Inkjet iX4000 上启用打印机池　　　图 3-40　设置用户使用权限

5．Windows 8 客户端安装网络打印机

（1）双击桌面上的"控制面板"图标，单击"硬件和声音"链接，再单击"设备和打印机"链接，弹出"设备和打印机"窗口，如图 3-41 所示。

（2）单击图 3-41 中的"添加打印机"按钮，在"正在搜索可用的打印机"界面中，选择"我需要的打印机不在列表中"选项，如图 3-42 所示。

图 3-41 "设备和打印机"窗口

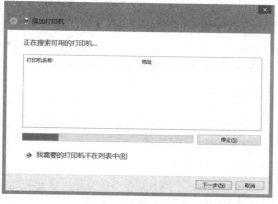

图 3-42 搜索打印机

（3）在"按其他选项查找打印机"界面中，选中"按名称选择共享打印机"单选按钮，输入共享打印机的 UNC 路径，单击"下一步"按钮，如图 3-43 所示。

（4）在已成功添加界面中，单击"下一步"按钮，如图 3-44 所示。

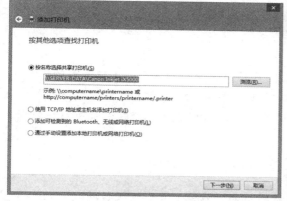

图 3-43 按名称选择共享打印机

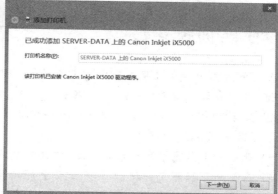

图 3-44 成功添加打印机

（5）在"你已经成功添加 SERVER-DATA 上的 Canon Inkjet iX5000"界面中，勾选"设置为默认打印机"复选框，单击"打印测试页"按钮，测试打印功能是否正常，最后单击"完成"按钮，如图 3-45 所示。

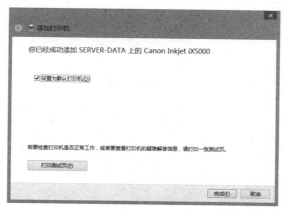

图 3-45 完成

（6）在图 3-41 所示的"设备和打印机"窗口中多出了一个网络打印机图标，如图 3-46 所示。

（7）当客户端进行文档打印时，选择添加的网络打印机即可进行网络打印，如图 3-47 所示。

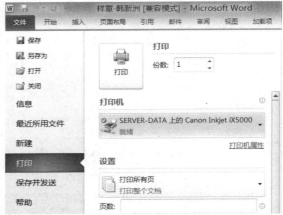

图 3-46　客户端成功安装网络打印机

图 3-47　网络打印

实训题

　　ZJZZ 公司的文件服务器上有名为 file1、file2、file3 的 3 个文件夹，分别位于不同的 NTFS 分区内，雇员 yg1 属于 gp1 组，雇员 yg2 属于 gp2 组，雇员 yg3 属于 gp3 组；该公司的文件服务器名称为 fileserver，连接一台打印机为员工提供网络打印服务，经理有优先打印权限。

【需求描述】

雇员 yg1 只能读取和修改 file1 文件夹的内容；

雇员 yg2 只能完全控制 file2 文件夹的内容；

file3 文件夹的内容只有雇员 yg3 能够读取访问控制，其他人没有权限访问；

现因工作调整，yp3 离职，要求系统管理员和 yp1 能够访问 file3 文件夹的内容；

为物理打印机添加两个逻辑打印机，分别是 yg-printer 和 mg-printer；

配置打印优先级。

项目 4

配置与管理 Active Directory 域

　　随着 HXZ 公司的发展壮大，由最初的几台计算机发展到现在的几十台计算机。管理难度不断加大，原有的工作组模式已经不能满足工作需求，现需要把 Windows Server 2008 R2 网络操作系统升级为域控制器。

项目目标

　◇ 理解域的概念；
　◇ 了解活动目录和域服务；
　◇ 了解安装域控制器的条件；
　◇ 掌握安装域控制器（DC）、只读域控制器（RODC）的方法；
　◇ 会将客户端加入域；
　◇ 会创建与管理域账户、域组账户、组织单位（OU）。

知识准备

1. 活动目录和域服务

　　活动目录是一种集成管理技术，与现实生活中的各种管理模式一样，它的出现是为了更有效、更灵活地实现管理。活动目录是一个层次的、树状的结构，通过活动目录组织和存储网络中的对象信息，可以让管理员非常方便地进行对象的查询、组织和管理。在 Windows Server 2008 R2 中，活动目录有了不少新的改进，如增加审核新特性、可重启的活动目录域服务、多元密码策略、只读域控制器等。

域（Domain）指的是一个区域，只有加入到这个区域后才能使用和访问其中的资源，域服务器控制网络中的计算机和用户能否加入，实行严格的管理对网络安全是非常必要的。当创建了一个域时，实际上从逻辑上讲是创建了一个域林，因为域一定要隶属于域树，域树一定要隶属于域林。

只读域控制器（RODC）是 Windows Server 2008 操作系统中的一种新类型的域控制器，借助 RODC，组织可以在无法保证物理安全性的位置中轻松部署域控制器，RODC 承载活动目录（Active Directory）域服务数据库的只读分区。

2．安装域控制器的条件

域的核心是域控制器，而域控制器是建立在活动目录的基础之上的。在一台服务器中安装了活动目录之后，这台服务器也就成为域控制器。

在安装活动目录之前，需要做好以下准备工作。

（1）为服务器设置好静态 IP 地址，DC 设置 IP 地址为 192.168.2.2。

（2）磁盘分区的文件系统为 NTFS 格式。活动目录要求必须安装在 NTFS 分区上，如果系统所在分区为 FAT32 格式，则可以用 convert c: /fs:ntfs 命令进行转换。

（3）确定服务器的计算机名。活动目录安装好之后，如果再对域控制器进行重命名，则会对域造成一定的影响，所以域控制器的计算机名最好在安装活动目录之前就设置好。

（4）规划好 DNS 域名。活动目录需要使用 DNS 域名，通常是该域的完整 DNS 名称，如"hxz.com"。如果该 DNS 域名要应用于 Internet，则必须使用在 Internet 中注册的有效域名。如果 DNS 域名仅在局域网中使用，则可以使用任何域名，但最好不用使用 Internet 中已存在的 DNS 域名。

（5）设置好 DNS 服务器。DNS 是域正常工作的基础，在创建域之前需要先做好 DNS 服务器的准备工作。一般有两种选择：要么使用域控制器来做 DNS 服务器，要么使用一台单独的 DNS 服务器。如果网络中已搭建好 DNS 服务器，则可直接将其设为 DC 的首选 DNS 服务器；如果网络中不存在 DNS 服务器，则在安装活动目录的过程中会自动安装 DNS 服务，将 DC 同时也设为一台 DNS 服务器。这里一般采用后一种选择，将 DC 作为 DNS 服务器使用。

 ## 项目设计及准备

1．项目设计

在已经安装好 Windows Server 2008 R2 Enterprise Edition 网络操作系统的服务器上安装活动目录，升级为域控制器（域名 hxz.com）；把客户机 Windows 8 加入到域 hxz.com 中；创建域用户张亮（zhangliang）；域组财务部；域组织单元 hxz，并部署只读域控制器（RODC）。

2．项目准备

为了完成该项目，需要具备如下实施条件。

（1）Vmware Workstation 10 虚拟机软件安装完毕。

（2）在虚拟环境下，Windows Server 2008 R2 Enterprise Edition 网络操作系统安装完毕。

（3）在虚拟环境下，Windows 8 操作系统安装完毕。

（4）确认林功能级别是 Windows 2003 或以上。

（5）运行 adprep /rodcprep 命令更新林中所有 DNS 目录分区上的权限，这样才能允许 RODC 上的 DNS 服务器从现有林中的 DNS 复制。

（6）运行 Windows Server 2008 域控制器。

项目实施

任务 1 安装域控制器

（1）设置域控制器的 TCP/IP 参数，如图 4-1 所示。

（2）选择"开始"/"管理工具"/"服务器管理器"命令，弹出"服务器管理器"窗口，右击左侧窗格中的"角色"选项，在弹出的快捷菜单中选择"添加角色"命令，如图 4-2 所示。

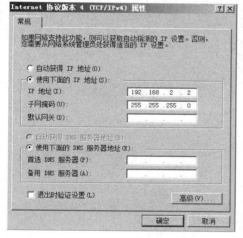

图 4-1 设置 TCP/IP 参数

图 4-2 "服务器管理器"窗口

（3）在"选择服务器角色"界面中，单击"下一步"按钮，选择服务器角色为"Active Directory 域服务"，根据提示安装.NET Framework 功能，如图 4-3 所示。

（4）安装完成后，提示已安装 Active Directory 域服务和.NET Framework 功能，并且必须运行 Active Directory 域服务安装向导（dcpromo.exe）后，这台服务器才能成为功能完整的域控制器，如图 4-4 所示。

（5）选择"开始"/"运行"命令，弹出"运行"对话框，输入"dcpromo"，开始安装活动目录，如图 4-5 所示。

（6）在"Active Directory 域服务安装向导"界面中，单击"下一步"按钮，如图 4-6 所示。

（7）在"选择某一部署配置"界面中，选中"在新林中新建域"单选按钮，单击"下一步"按钮，如图 4-7 所示。

（8）在"命名林根域"界面中，输入规划好的 DNS 域名"hxz.com"，单击"下一步"按钮，如图 4-8 所示。

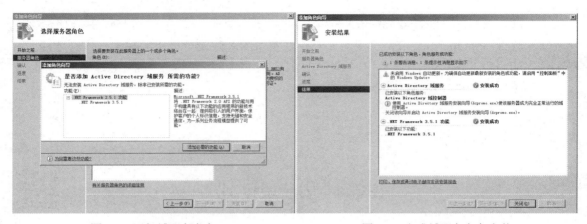

图 4-3　添加域服务角色　　　　　　　　图 4-4　完成域服务角色安装

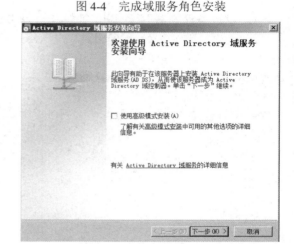

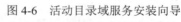

图 4-5　"运行"对话框　　　　　　　　图 4-6　活动目录域服务安装向导

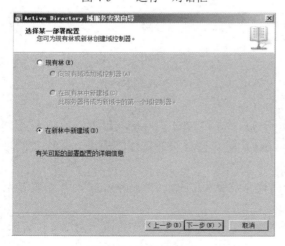

图 4-7　选择域类型　　　　　　　　　　图 4-8　命名林根域

（9）在"设置林功能级别"界面中，设置林功能级别为"Windows Server 2003"，单击"下一步"按钮，如图 4-9 所示。

（10）在"其他域控制器选项"界面中，勾选"DNS 服务器"复选框，单击"下一步"按钮，如图 4-10 所示。

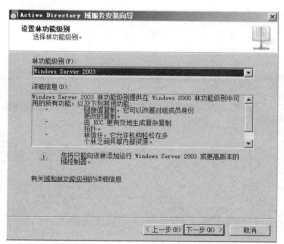
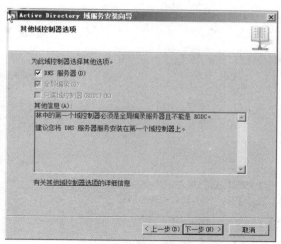

图 4-9 设置林功能级别　　　　　　　　　图 4-10 安装 DNS 服务器

（11）在警告对话框中，提示没有找到父域，无法创建 DNS 服务器的委派，单击"是"按钮，如图 4-11 所示。

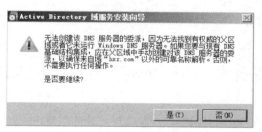

图 4-11 手动创建 DNS 委派

（12）在"数据库、日志文件和 SYSVOL 的位置"界面中，选择默认设置，单击"下一步"按钮，如图 4-12 所示。

（13）在"目录服务还原模式的 Administrator 密码"界面中，设置符合安全策略要求的密码，单击"下一步"按钮，如图 4-13 所示。

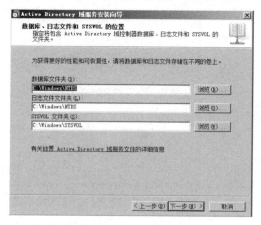
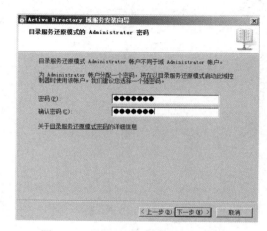

图 4-12 指定数据库、日志文件和 SYSVOL 的存放位置　　　图 4-13 设置目录服务还原模式密码

（14）在"摘要"界面中，单击"下一步"按钮，开始安装活动目录并重新启动系统，如图 4-14 所示。

（15）以域管理员账户登录域控制器，打开"服务器管理器"窗口，确认活动目录及 DNS 服务都已被正确安装，如图 4-15 所示。

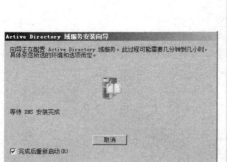

图 4-14　配置域服务　　　　　　　　　　　　　图 4-15　域安装成功

任务 2　Windows 8 客户端加入域

（1）在桌面上右击，在弹出的快捷菜单中选择"属性"命令，弹出"系统"窗口，单击"更改设置"链接，如图 4-16 所示。

（2）在"系统属性"对话框中，单击"更改"按钮，设置计算机名称，如图 4-17 所示。

图 4-16　"系统"窗口　　　　　　　　　　　　图 4-17　"系统属性"对话框

（3）在"计算机名/域更改"对话框中，在"隶属于"选项组中选中"域（D）"单选按钮，并输入 DNS 名称，单击"确定"按钮，如图 4-18 所示。

（4）输入有权限将计算机加入域的账户和密码，单击"确定"按钮，验证其身份，如图 4-19 所示。

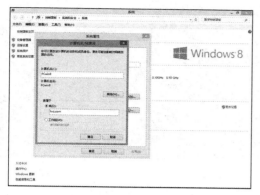

图 4-18 加入域

图 4-19 验证身份

（5）提示客户端已经成功加入域，如图 4-20 所示。

（6）在"计算机名/域更改"提示对话框中，单击"确定"按钮，如图 4-21 所示。

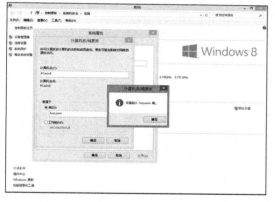

图 4-20 客户端成功加入域

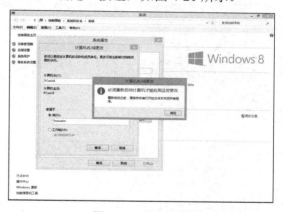

图 4-21 重启系统

（7）在"系统属性"对话框中，单击"确定"按钮，如图 4-22 所示。

（8）在"Microsoft Windows"提示对话框中，单击"立即重新启动"按钮，如图 4-23 所示。

图 4-22 确定设置

图 4-23 立即重启系统

（9）在系统欢迎界面中，选择"其他用户"选项，如图 4-24 所示。

（10）默认已经有了登录到 hxz(hxz 是 hxz.com 的 NetBIOS 名称)的选项，输入创建的 zhangliang 的账户和密码，如图 4-25 所示。

图 4-24　切换用户

图 4-25　账户登录域

（11）在域控上，选择"开始"/"管理工具"/"Active Directory 用户和计算机"命令，弹出"Active Directory 用户和计算机"窗口，在"Computers"节点中可以看到已经加入域的客户机，如图 4-26 所示。

图 4-26　域控识别客户机

任务 3　创建与管理域用户账户

1．创建域用户账户

（1）选择"开始"/"管理工具"/"Active Directory 用户和计算机"命令，弹出"Active Directory 用户和计算机"窗口，右击"Users"选项，在弹出的快捷菜单中选择"新建"/"用户"命令，如图 4-27 所示。

（2）在"新建对象-用户"对话框中，设置用户姓名和登录名等信息，单击"下一步"按钮，如图 4-28 所示。

图 4-27　创建用户

图 4-28　设置用户信息

（3）设置密码，勾选"用户不能更改密码"、"密码永不过期"复选框，单击"下一步"按钮，如图 4-29 所示。

（4）单击"完成"按钮完成设置，如图 4-30 所示。

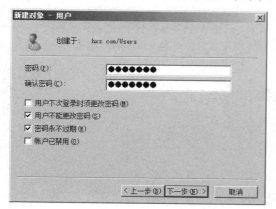

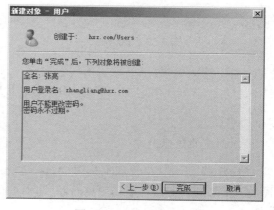

图 4-29　设置密码

图 4-30　创建用户完成

2．修改和删除域用户账户

（1）在新创建的账户上右击，在弹出的快捷菜单中选择"重置密码"命令，可以重新设置用户账户的密码，如图 4-31 所示。

（2）重新输入新密码，单击"确定"按钮，如图 4-32 所示。

（3）在新创建的账户上右击，在弹出的快捷菜单中选择"删除"命令，可以删除用户账户，如图 4-33 所示。

（4）单击"是"按钮，即可删除账户，如图 4-34 所示。

图 4-31　重新设置账户密码　　　　　　　　　图 4-32　重新输入密码

图 4-33　删除账户　　　　　　　　　　　　图 4-34　删除账户成功

任务 4　创建与管理域组账户

1．创建域组账户

（1）选择"开始"/"管理工具"/"Active Directory 用户和计算机"命令，弹出"Active Directory 用户和计算机"窗口，右击"Users"选项，在弹出的快捷菜单中选择"新建"/"组"命令，如图 4-35 所示。

图 4-35　新建域组

（2）在"新建对象-组"对话框中，设置组名，单击"确定"按钮，如图 4-36 所示。

2．修改和删除域组账户

（1）在新创建的域组上右击，在弹出的快捷菜单中选择"属性"命令，如图 4-37 所示。

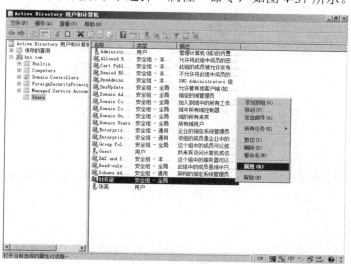

图 4-36　成功创建域组　　　　　　　　　　图 4-37　更改域组属性

（2）弹出域组属性对话框，选择"成员"标签，单击"添加"按钮，弹出"选择用户、联系人、计算机、服务账户或组"对话框，在"输入对象名称来选择"文本域中输入账户"张亮"，如图 4-38 所示。

（3）单击"确定"按钮，账户张亮已经添加到域组中，如图 4-39 所示。

（4）在新创建的域组上右击，在弹出的快捷菜单中选择"删除"命令，可以删除域组，如图 4-40 所示。

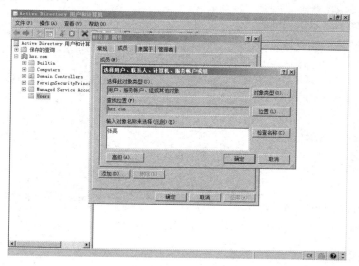

图 4-38　添加账户　　　　　　　　　　图 4-39　账户添加成功

（5）单击"是"按钮，删除域组账户，如图 4-41 所示。

图 4-40　删除域组

图 4-41　成功删除域组

任务 5　创建与管理组织单位

1．创建组织单位

（1）选择"开始"/"管理工具"/"Active Directory 用户和计算机"命令，弹出"Active Directory 用户和计算机"窗口，右击"hxz.com"选项，在弹出的快捷菜单中选择"新建"/"组织单位"命令，如图 4-42 所示。

（2）在"新建对象-组织单位"对话框中，设置名称名"hxz"，如图 4-43 所示。

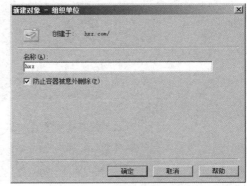

图 4-42　新建组织单位

图 4-43　设置组织单位名称

（3）单击"确定"按钮，完成设置，如图 4-44 所示。

2．修改和删除组织单位

（1）在域组"财务部"上右击，在弹出的快捷菜单中选择"移动"命令，如图 4-45 所示。

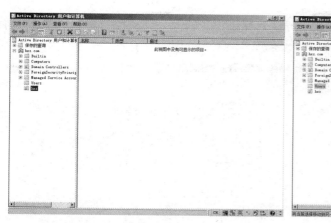

图 4-44　成功新建组织单位

图 4-45　移动域组到组织单位

（2）在"移动"对话框中，选中组织单位"hxz"，单击"确定"按钮，如图 4-46 所示。

（3）在新创建的组织单位上右击，在弹出的快捷菜单中选择"删除"命令，可以删除组织单位，如图 4-47 所示。

图 4-46　选择要移动的对象

图 4-47　删除组织单位

（4）单击"是"按钮，即可删除组织单位，如图 4-48 所示。

图 4-48　成功删除组织单位

任务 6　安装只读域控制器

（1）在域控制器上打开"Active Directory 用户和计算机"窗口，展开"hxz.com"域，右击"Domain Controllers"选项，在弹出的快捷菜单中选择"预创建只读域控制器账户"命令，如图 4-49 所示。

（2）在"Active Directory 域服务安装向导"对话框中，输入只读域控制器的计算机名称"RODC1"，单击"下一步"按钮，如图 4-50 所示。

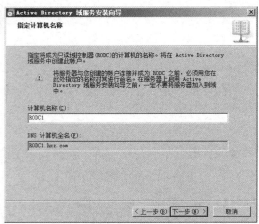

图 4-49　预创建只读域控制器账户　　　　　图 4-50　输入只读域控制器名称

（3）在"请选择一个站点"界面中，选择默认的站点，单击"下一步"按钮，如图 4-51 所示。

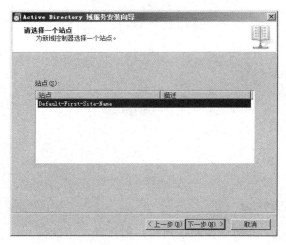

图 4-51　选择域控的站点

（4）在"其他域控制器选项"界面中，可以设置是否安装 DNS 和全局编录，RODC 选项已默认勾选"全局编录"复选框，单击"下一步"按钮，如图 4-52 所示。

（5）在"用于 RODC 安装和管理的委派"界面中，委派普通域用户"zhangliang"管理只读域控制器，单击"下一步"按钮，如图 4-53 所示。

（6）在"摘要"界面中，显示已经创建的信息，单击"下一步"按钮，如图 4-54 所示。

（7）单击"完成"按钮，成功创建只读域控制器管理员，如图 4-55 所示。

（8）在准备升级为 RODC 的域控服务器中，选择"开始"/"运行"命令，弹出"命令"窗口，输入"dcpromo"，开始安装活动目录（图 4-5），在"Active Directory 域服务安装向导"对话框中，单击"下一步"按钮（图 4-6），选中"现有林"和"向现有域添加域控制器"单选按钮，单击"下一步"按钮，如图 4-56 所示。

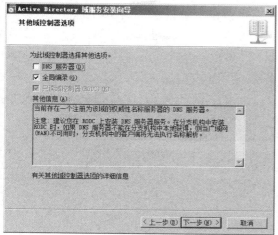

图 4-52 设置其他域控选项

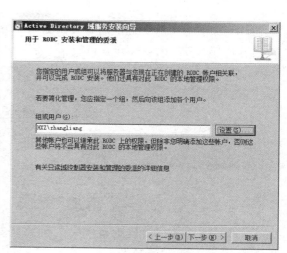

图 4-53 委派只读域控管理员

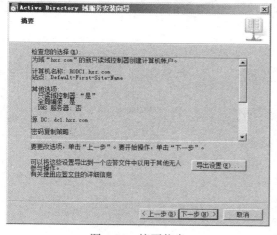

图 4-54 摘要信息

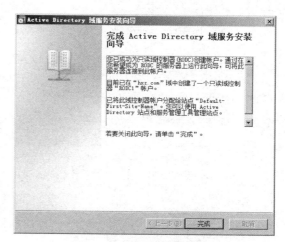

图 4-55 创建 RODC 管理员

（9）在"网络凭据"界面中，键入当前域名称"hxz.com"，在"备用凭据"文本域中，指定 RODC 的管理员为"zhangliang"，单击"下一步"按钮，如图 4-57 所示。

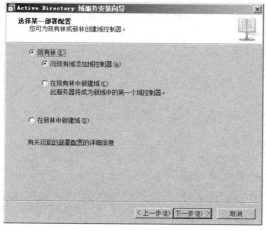

图 4-56 现有林中添加域控

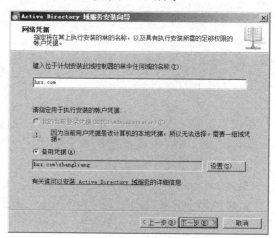

图 4-57 设置网络凭据

（10）连续弹出两次警告信息对话框，单击"是"按钮，如图 4-58 所示。

（11）确认 AD 的数据库、日志及 SYSVOL 的存储位置、目录还原密码等信息无误后即可安装，如图 4-59 所示。

图 4-58　确认警告信息

图 4-59　确认摘要信息

（12）单击"确定"按钮，开始 AD DS 的安装，如图 4-60 所示。

（13）安装完成后，在主域控制器的"Active Directory 用户和计算机"窗口中，显示 RODC1 只读域控制器，如图 4-61 所示。

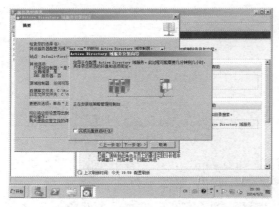

图 4-60　开始安装 AD DS

图 4-61　安装完成

实训题

　　ZJZZ 公司随着规模的发展，计算机数量已经达到几十台，为了方便管理，需要搭建 Windows Server 2008 域来进行集中管理。

【需求描述】

创建 zjzz.net 域，创建 zjzz 组织单位，创建业务部域组账户；

创建域用户张波（ZhangBo）和王亮（WangLiang），并隶属于业务部域组和 zjzz 组织单位；

将计算机（ywb）加入到 zjzz.net 域中；

部署 rodc.zjzz.net 只读域控制器。

项目 5

配置和管理本地安全策略和组策略

项目描述

　　HXZ 公司随着人员和计算机的增加，如何安全、有效管理是摆在网络管理人员面前的首要任务。Windows Server 2008 R2 Enterprise Edition 网络操作系统提供了很好的解决方案，可利用安全策略和组策略来实现。

项目目标

　　◇　理解本地安全策略；
　　◇　理解组策略；
　　◇　会配置本地安全策略；
　　◇　会配置组策略。

知识准备

1．本地安全策略

　　安全策略是影响计算机安全性的安全设置的组合，可以利用本地安全策略来编辑本地计算机上的账户策略和本地策略。

　　通过本地安全策略可以有效控制访问计算机的用户和授权用户使用计算机中的哪些资源。"本地安全策略"窗口如图 5-1 所示。

2．组策略

　　组策略是一种让网络管理员集中计算机和用户的手段或方法。组策略适用于众多配置，如软件、安全性、IE、注册表等。在活动目录中利用组策略可以在站点、域、OU 等对象上进行配置，以管理其中的计算机和用户对象，可以说组策略是活动目录功能的重要体现。

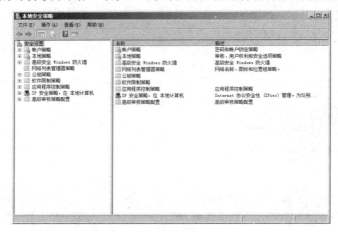

图 5-1 "本地安全策略"窗口

由于组策略应用范围可划分为站点级别组策略、域级别组策略、OU 级别组策略以及本地计算机策略，起作用的先后顺序为本地计算机策略、站点级别组策略、域级别组策略和 OU 级别组策略。默认情况下，当多条策略之间不产生冲突时，多条策略之间是并的关系；但当产生冲突时，后执行的策略会替代先执行的策略。也就是说，无论在何种情况下，OU 设置的策略都会生效。

站点策略是指对整个站点产生作用，而域策略是对整个域产生作用，只要加入到域中的计算机和用户都受此策略的控制。域控制器策略是 OU 策略的一种，因此域控制器策略仅作用在域控制器之上。

组策略分为两大部分：计算机配置和用户配置。每一个部分都有自己的独立性。计算机配置部分控制计算机账户，用户配置部分控制用户账户。其中，有一部分配置在计算机配置部分和用户配置部分都有，但是它们是不会跨越执行的。假设希望某个配置选项在计算机账户和用户账户同时起作用，那么必须在计算机配置和用户配置部分都进行设置。总之，计算机配置下的设置仅对计算机对象生效，用户配置下的设置仅对用户对象生效。"组策略管理编辑器"窗口如图 5-2 所示。

图 5-2 "组策略管理编辑器"窗口

1）计算机配置

计算机配置分为三部分：软件设置、Windows 设置、管理模板。

（1）软件设置：这一部分相对简单，它可以实现 MSI、ZAP 等软件的部署分发。

（2）Windows 设置：这一部分更复杂一些，包含很多子项，子项提供了很多选择，如账户策略能够对用户账户和密码等进行管理控制；本地策略则提供了更多的控制，如审核、用户权利、安全设置。安全设置包括了超过 75 个的策略配置项。还有其他设置，如防火墙设置、无线网络设置、PKI 设置、软件限制等。

（3）管理模板：这一部分设置项最多，包含各式各样的对计算机的配置。这里有 5 个主要的配置管理方向，即 Windows 组件、打印机、控制面板、网络、系统。

2）用户配置

用户配置类似于计算机配置，区别在于配置的目标是用户账户，相对于用户账户而言，会有更多对用户使用时的控制。其主要分为 3 部分：软件设置、Windows 设置、管理模板。

（1）软件设置：可以通过配置实现针对用户进行软件的部署分发。

（2）Windows 设置：这一部分与计算机配置中的 Windows 设置有很多不同之处，有"远程安装服务"、"文件夹重定向"、"IE 维护"等配置项，而在安全设置中只有"公钥策略"和"软件限制"等配置项。

（3）管理模板：用户部分的管理模板可以用来管理和控制用户配置文件，而用户配置文件是可以影响用户对计算机的体验的，所以这里出现了"开始菜单"、"桌面"、"任务栏"、"共享文件夹"等配置项。

项目设计及准备

1. 项目设计

HXZ 公司的网络采用域结构进行管理，在域控制器上启用本地安全策略和组策略，使用户重新使用旧密码之前，必须使用过 12 个互不相同的密码，使用该密码的时间最短为 2 天，最长不得超过 30 天。为了保证密码的安全，设置密码不得少于 8 个字符，密码必须由大小写字母、数字和符号组成；实现审核 Windows Server 2008 R2 登录事件（成功和失败），只有 Administrators 能够实现本地登录，只有本地登录用户才能访问 CD-ROM；张亮是财务部的一名员工，现要求财务部的员工统一使用公司指定的桌面背景，而且不能随意更改成其他桌面背景，实现 Advanced Installer 11.0 软件的分发。

2. 项目准备

为了完成该项目，需要具备如下实施条件。

（1）VMware Workstation 10 虚拟机软件安装完毕。

（2）在虚拟环境下，Windows Server 2008 R2 Enterprise Edition 网络操作系统安装完毕。

（3）部署一台 Windows Server 2008 服务器，安装域控或加入到已经存在的域中。

（4）将客户端加入到与服务器相同的一个域中。

 项目实施

任务 1　设置账户策略

（1）选择"开始"/"管理工具"/"本地安全策略"命令，选择"安全设置"/"账户策略"/"密码策略"选项，如图 5-3 所示。

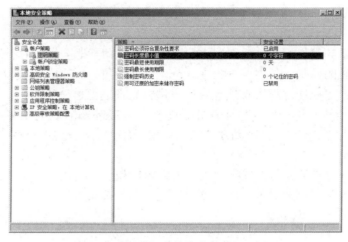

图 5-3　本地安全策略

（2）双击"强制密码历史"选项，弹出"强制密码历史属性"对话框，在"保留密码历史"文本框中输入"12"，如图 5-4 所示。

（3）双击"密码最长使用期限"选项，弹出"密码最长使用期限属性"对话框，在"密码过期时间"文本框中输入"30"，如图 5-5 所示。

图 5-4　"强制密码历史属性"对话框　　　　图 5-5　"密码最长使用期限属性"对话框

（4）双击"密码最短使用期限"选项，弹出"密码最短使用期限属性"对话框，在"在以下天数后可以更改密码"文本框中输入"2"，如图 5-6 所示。

（5）双击"密码长度最小值"选项，弹出"密码长度最小值属性"对话框，在"密码必须至少是"文本框中输入"8"，如图 5-7 所示。

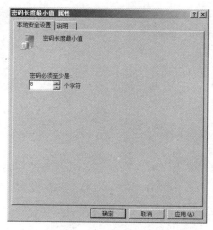

图 5-6　"密码最短使用期限属性"对话框　　　　图 5-7　"密码长度最小值属性"对话框

（6）双击"密码必须符合复杂性要求"选项，弹出"密码必须符合复杂性要求属性"对话框，选中"已启用"单选按钮，如图 5-8 所示。

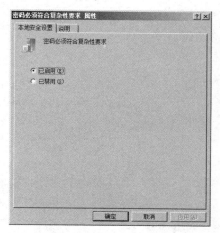

图 5-8　"密码必须符合复杂性要求属性"对话框

（7）单击"确定"按钮，完成设置。

任务 2　设置本地策略

1. 审核策略

（1）选择"开始"/"管理工具"/"本地安全策略"命令，选择"安全设置"/"本地策略"/"审核策略"选项，如图 5-9 所示。

（2）右击"审核账户登录事件"选项，在弹出的快捷菜单中选择"属性"命令，如图 5-10 所示。

图 5-9　审核策略

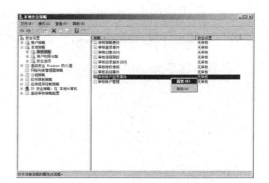

图 5-10　审核账户登录事件

（3）弹出"审核账户登录事件属性"对话框，勾选"成功"和"失败"复选框，如图 5-11 所示。

（4）单击"确定"按钮，完成设置，如图 5-12 所示。

图 5-11　"审核账户登录事件属性"对话框

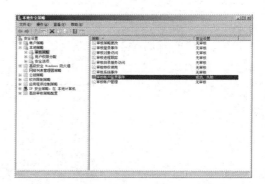

图 5-12　审核账户登录事件成功

2．用户权限分配

（1）在"本地安全策略"窗口中，选择"本地策略"/"用户权限分配"选项，如图 5-13 所示。

（2）右击"允许本地登录"选项，在弹出的快捷菜单中选择"属性"命令，如图 5-14 所示。

图 5-13　用户权限分配

图 5-14　允许本地登录

（3）在"允许本地登录属性"对话框中，选择"Backup Operators"选项，单击"删除"按钮，如图 5-15 所示。

（4）选择"Users"选项，单击"删除"按钮，如图 5-16 所示。

图 5-15 删除 Backup Operators

图 5-16 删除 Users

（5）单击"确定"按钮，完成设置，如图 5-17 所示。

3．安全选项

（1）在"本地安全策略"窗口中，选择"本地策略"/"安全选项"选项，如图 5-18 所示。

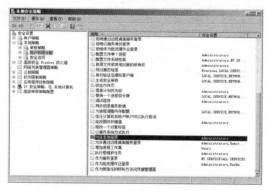
图 5-17 允许 Administrators 登录

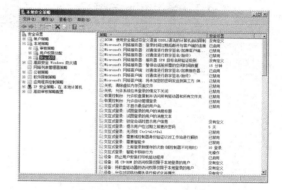
图 5-18 安全选项

（2）右击"设备：将 CD-ROM 的访问权限仅限于本地登录的用户"选项，在弹出的快捷菜单中选择"属性"命令，如图 5-19 所示。

（3）在其属性对话框中选中"已启用"单选按钮，如图 5-20 所示。

图 5-19 选择设置的安全项

图 5-20 启用安全选项

（4）单击"确定"按钮，完成设置，如图 5-21 所示。

网络服务器配置与管理（Windows Server 2008）

图 5-21　安全选项设置完毕

任务 3　设置组策略

（1）在 AD 中建立相应的组织单元和用户，如图 5-22 所示。

（2）创建桌面背景图片文件并共享，如图 5-23 所示。

图 5-22　创建用户和计算机

图 5-23　共享背景图片

（3）选择"开始"/"管理工具"/"组策略管理"命令，弹出"组策略管理器"窗口，如图 5-24 所示。

（4）双击"林"/"域"/"hxz.com"选项，如图 5-25 所示。

图 5-24　"组策略管理"窗口　　　　　图 5-25　双击"hxz.com"选项

（5）右击"组策略对象"选项，在弹出的快捷菜单中选择"新建"命令，如图 5-26 所示。

（6）在"新建 GPO"对话框中，在"名称"文本框中输入"财务部"，如图 5-27 所示。

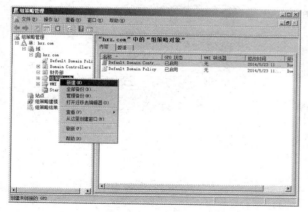

图 5-26 组策略对象

图 5-27 "新建 GPO"对话框

（7）单击"确定"按钮，完成设置，如图 5-28 所示。

（8）选择"组策略对象"选项，右击右侧窗格中"内容"标签中的"财务部"选项，在弹出的快捷菜单中选择"编辑"命令，如图 5-29 所示。

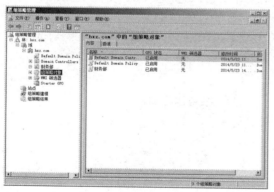

图 5-28 创建成功

图 5-29 编辑财务部

（9）在"组策略管理编辑器"窗口中，选择"用户配置"/"策略"/"管理模板：从本地计算机检索到的"/"桌面"/"Active Desktop"选项，如图 5-30 所示。

图 5-30 选择 Active Desktop

网络服务器配置与管理（Windows Server 2008）

（10）右击"桌面墙纸"选项，在弹出的快捷菜单中选择"编辑"命令，如图 5-31 所示。

（11）在"桌面壁纸"对话框中，选中"已启用"单选按钮，在"墙纸名称"文本框中输入图片文件所在位置（C:\photo\hxz.jpg），如图 5-32 所示。

图 5-31　编辑桌面壁纸

图 5-32　启用桌面墙纸

（12）单击"确定"按钮，完成设置，如图 5-33 所示。

（13）关闭"组策略管理编辑器"窗口，右击"财务部"选项，在弹出的快捷菜单中选择"链接现有 GPO"命令，如图 5-34 所示。

图 5-33　桌面壁纸设置完成

图 5-34　链接现有 GPO

（14）在"选择 GPO"对话框中，选择"财务部"选项，单击"确定"按钮，如图 5-35 所示。

图 5-35　选择 GPO

（15）选择"开始"/"运行"命令，弹出"运行"窗口，输入"cmd"，在"命令提示符"窗口中输入"gpupdate / force"命令，如图 5-36 所示。

（16）客户机使用用户名"张亮"登录系统，如图 5-37 所示。

图 5-36　更新策略

图 5-37　客户机桌面

任务 4　利用组策略实现软件分发

（1）在 AD 中建立相应的组织单元和用户，如图 5-38 所示。

（2）共享安装文件夹，验证用户的共享，设置安全权限为只读权限，如图 5-39 所示。

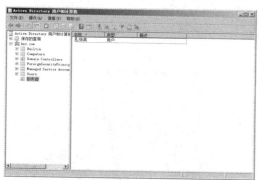

图 5-38　创建用户和计算机

图 5-39　为共享安装文件夹设置权限

（3）选择"组策略管理器"/"林：hxz.com"/"域"/"hxz.com"/"组策略对象"选项并右击，在弹出的快捷菜单中选择"新建"命令，创建一个新的组策略对象，如图 5-40 所示。

图 5-40　创建组策略对象

（4）在"新建 GPO"对话框的"名称"文本框中输入"Installer Files"，如图 5-41 所示。

（5）单击"确定"按钮，双击"策略"/"软件设置"选项，右击"软件安装"选项，在弹出的快捷菜单中选择"新建"/"数据包"命令，如图 5-42 所示。

图 5-41　新建 GPO　　　　　　　　　　　　　图 5-42　新建数据包

（6）选择 Advanced Installer 11.0 软件，并选择文件的网络路径，如图 5-43 所示。

（7）单击"打开"按钮，弹出"部署软件"对话框，选中"已发布"单选按钮，如图 5-44 所示。

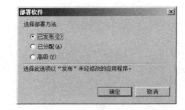

图 5-43　选择发布软件的网络路径　　　　　　　　图 5-44　选择部署方法

（8）单击"确定"按钮，完成设置，如图 5-45 所示。

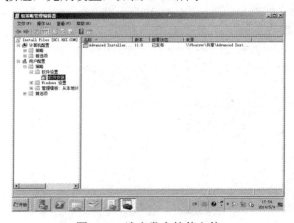

图 5-45　选定发布软件文件

（9）关闭"组策略管理编辑器"窗口，右击"hxz"选项，在弹出的快捷菜单中选择"链接现有 GPO"命令，如图 5-46 所示。

（10）弹出"选择 GPO"对话框，选择"Install Files"选项，如图 5-47 所示。

图 5-46 链接现有 GPO

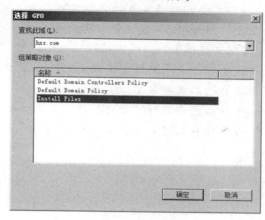

图 5-47 选择 GPO

（11）单击"确定"按钮，完成设置，如图 5-48 所示。

（12）选择"开始"/"运行"命令，弹出"运行"窗口，输入"cmd"，在"命令提示符"窗口中输入"gpupdate / force"命令，如图 5-49 所示。

图 5-48 应用 GPO

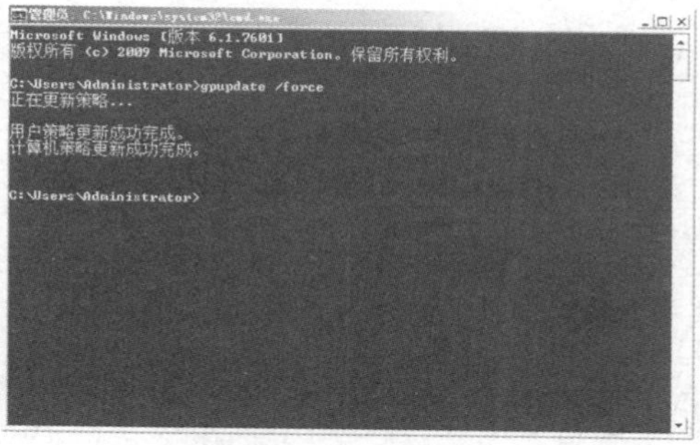

图 5-49 更新策略

（13）客户机进入系统，选择"控制面板"/"程序"/"程序和功能"/"从网络安装程序"选项，如图 5-50 所示。

图 5-50 客户机自动安装软件包

实训题

ZJZZ 公司随着业务的不断发展，现已使用域 zjzz.com 来进行日常的管理，现有域用户为张波（ZhangBo）和王亮（WangLiang）。

【需求描述】

张波和王亮使用的"我的文档"、"桌面"统一存放到域控服务器"C：\公司文档"中，并要以自己的名字命名；

允许张波兼做网络管理人员，登录域服务器；

公司计算机需要安装 Windows Office 2003 软件，请使用软件分发并进行部署。

项目 6

配置和管理 DNS 服务

项目描述

　　HXZ 公司有自己的 Web 服务器，需要用 www.hxz.com 域名访问公司的 Web 网站；此时要使用 DNS 服务器提供域名解析服务；为了提高服务器的效能，需要安装辅助 DNS 服务器实现 DNS 服务转发功能；为了实现分公司和总公司的连接，分公司需要设置子域和委派。

项目目标

◇　了解 DNS 服务；
◇　会配置 DNS 服务器；
◇　会配置 DNS 客户端；
◇　会配置 DNS 转发器；
◇　会配置 DNS 区域复制；
◇　会配置 DNS 子域和委派。

知识准备

1. DNS 服务

　　计算机域名系统 (Domain Name System, DNS) 是由解析器和域名服务器组成的。域名服务器是指保存有该网络中所有主机的域名和对应 IP 地址，并具有将域名转换为 IP 地址功能的服务器。其中，域名必须对应一个 IP 地址，而 IP 地址不一定有域名。域名系统采用类似目录树的等级结构。域名服务器为客户机/服务器模式中的服务器方，它主要有两种形式：主服务器和转发服务器。将域名映射为 IP 地址的过程称为"域名解析"。在 Internet 中域名与 IP 地址之间是一对一（或者多对一）的，也可采用 DNS 轮询实现一对多解析，域名虽然便于人们记忆，但机器之间只能识别 IP 地址，它们之间的转换称为域名解析。域名解析需要由专门的域名解析服务器来完成，DNS 就是进行域名解析的服务器。DNS 用于 Internet 等 TCP/IP 网络中，通过用户友好的名称查找计算机和服务。当用户在应用程序中输入 DNS 名称时，DNS 服务可以将此名称解析为与之相关的其他信息，如 IP 地址。

2．域名空间

1）域名空间概念

其实，域名空间就是"域名+网站空间"，是二者的一个统称。因为做一个网站通常需要用到域名和空间。久而久之便有了这个称呼，而非表面字义域名的空间。域名，是由一串用点分隔的名字组成的 Internet 中某台计算机或计算机组的名称，用于在数据传输时标识计算机的电子方位（有时也指地理位置）；域名空间是互联网上企业/个人或机构间相互联络的网络地址。

以一个常见的域名"www.baidu.com"为例说明：百度网址是由两部分组成的，标号"baidu"是这个域名的主体，而最后的标号"com"则是该域名的后缀，代表的是"com"国际域名，是顶级域名。而前面的"www."是网络名。

DNS 规定：域名中的标号都由英文字母和数字组成，每一个标号不超过 63 个字符，也不区分大小写字母。标号中除连字符（-）外不能使用其他的标点符号。级别最低的域名写在最左边，而级别最高的域名写在最右边。由多个标号组成的完整域名总共不超过 255 个字符。

2）根域

根（root）域就是点号"."，是维持全球域名系统的根本。它由 Internet 名称注册授权机构管理，负责将各部分的管理分配给连接到 Internet 的各个组织。

3）顶级域

根域的下一级就是顶级域。顶级域名又可分为国际顶级域名和国家顶级域名。国际顶级域名是指向国际域名管理机构申请的、可以在国际上使用的域名类型，如 com、net、org 等；而国家顶级域名则是指在本国内申请使用的域名，大多数国家都按照国家代码分配了不同的顶级域名。例如，我国在国际上的代码为 cn，常见的顶级域名如表 6-1 所示。

表 6-1　常见顶级域名

顶级域名	用　　途	顶级域名	用　　途
com	商业组织使用	net	提供 Internet 或电话服务的组织使用
edu	教育机构使用	org	非商业非盈利单位使用
gov	政府机构使用	cn	代表中国
mil	军事机构使用		

4）二级域

二级域名是指顶级域名之下的域名，如"Microsoft.com"就基于顶级域".com"。在国际顶级域名下，它指域名注册人的网上名称，在国家顶级域名下，它是表示注册企业类别的符号。

5）主机名

主机名是域名空间中最底层的内容，主机名和前面讲的域名结合构成一个完整的域名

FQDN（Full Qualified Domain Name，完全合格的域名），主机名是最左端的部分。例如，"www.163.com"中的"www"是主机名，"163.com"是 DNS 后缀。

当用户在进行互联网服务时，通常是使用域名进行访问的，但是域名访问并不能真正定位到目标服务器，而需要 DNS 服务器对域名进行解析，将域名解析到对应的 IP 地址，然后进行访问。例如，Web 及 FTP 等使用 DNS 域名的网站都需要添加 DNS 记录来实现域名解析。

新建正向区域和反向区域后，可以在区域中建立主机等相关数据，这些数据被称为"资源记录"，DNS 服务器支持相当多类型的资源，下面介绍常用的几种资源记录。

（1）主机（A）资源记录：主要记录在正向搜索区域中的主机和 IP 地址，用户可以通过该类型资源记录把主机域名映射成 IP 地址。

（2）主机别名（CNAME）资源记录：在某些情况下，需要为区域内的一台主机创建多个主机名称。例如，有一台主机名为 www.hxz.com，可以建立其他名称，如 abc.hxz.com 来访问。

（3）邮件交换器（MX）记录：用来指定哪些主机负责接收该区域的电子邮件。现以域名 hxz.com 为例，要使 mail.hxz.com 能够正常收发电子邮件，应该执行两个操作，一个是把 mail.hxz.com 解析到企业邮局所在服务器的 IP 地址上，另一个则是增添邮件交换记录。若没有添加邮件交换记录，则邮局是不能收到信的。

6）子域及委派域

子域和委派域都是域的子域。子域的域名解析还是在原来的计算机上，建立子域只是为了方便查找。而委派的域名解析是分配给其他计算机的，只要属于委派的域名查找，就该由委派的计算机去解析。

3．DNS 查询模式

1）DNS 查询过程

下面通过查询域名 www.163.com 来说明 DNS 查询的基本过程，过程介绍如下。

（1）客户机的域名解析器向本地域名服务器发出 www.163.com 域名解析请求。

（2）本地域名服务如果没有找到 www.163.com 对应的记录，则本地域名服务器向根域服务器发送".com"域名解析请求。

（3）根域服务器向本地域名服务器返回".com"域名服务器地址。

（4）本地域名服务器向".com"域名服务器提出"163.com"域名解析请求。

（5）".com"域名服务器向本地域名服务器返回"163.com"域名服务器地址。

（6）本地域名服务器向"163.com"域名服务器提出 www.163.com 域名解析请求。

（7）"163.com"域名服务器向本地域名服务器返回 www.163.com 主机的 IP 地址。

（8）本地域名服务器将 www.163.com 主机的 IP 地址返回给客户端。

2）正向解析和反向解析

正向解析是将域名映射为 IP 地址，例如，DNS 客户机可以查询主机名称为 www.163.com 的 IP 地址，要实现正向解析，必须在 DNS 服务器内创建一个正向解析区域。

反向解析是将 IP 地址映射为域名。要实现反向解析，必须在 DNS 服务器中创建反向解析区域。

3）DNS 查询类型

当 DNS 客户端向 DNS 服务器查询地址后，或 DNS 服务器向另外一台 DNS 服务器查询 IP 地址时，总共有两种查询模式。

（1）递归查询：也就是 DNS 客户端送出查询要求后，如果 DNS 服务器内没有需要的数据，则 DNS 服务器会代替客户端向其他的 DNS 服务器申请查询。

（2）迭代查询：是指 DNS 服务器根据自己的高速缓存或区域的数据，以最佳结果回答。如果 DNS 服务器无法解析，则返回一个指针，指向可能有目标域名记录的 DNS 服务器，如此反复，直到找到目标记录的 DNS 服务器。

项目设计及准备

1．项目设计

在已经安装好 Windows Server 2008 R2 Enterprise Edition 网络操作系统的服务器上进行 DNS 服务的安装和配置，创建域名 www.hxz.com，指向 192.168.2.2 机器；配置客户端的 DNS 地址为 192.168.2.2；配置 DNS 服务器的转发地址为 202.96.0.133；将 DNS 的数据复制到 192.168.2.3 的机器上；创建子域 bt.hxz.com；创建委派子域 zb.hxz.com，委派子域负责解析的 DNS 服务器域名为 zy.hxz.com，IP 地址为 192.168.2.100。

2．项目准备

为了完成该项目，需要具备如下实施条件。

（1）VMware Workstation 10 虚拟机软件安装完毕。

（2）在虚拟环境下，Windows Server 2008 R2 Enterprise Edition 网络操作系统安装完毕。

（3）在虚拟环境下，Windows 8 操作系统安装完毕。

项目实施

任务 1　配置 DNS 服务器

1．安装 DNS 服务器

（1）选择"开始"/"管理工具"/"服务器管理器"命令，弹出"服务器管理器"窗口，右击左侧窗格中的"角色"选项，在弹出的快捷菜单中选择"添加角色"命令，如图 6-1 所示。

（2）弹出"添加角色向导"对话框，单击"下一步"按钮 ，如图 6-2 所示。

（3）在"选择服务器角色"界面中，勾选"DNS 服务器"复选框，单击"下一步"按钮，如图 6-3 所示。

（4）在"DNS 服务器"界面中，单击"下一步"按钮，如图 6-4 所示。

（5）在"确认安装选择"界面中，单击"安装"按钮，如图 6-5 所示。

图 6-1 "服务器管理器"窗口

图 6-2 开始之前

图 6-3 选择服务器角色

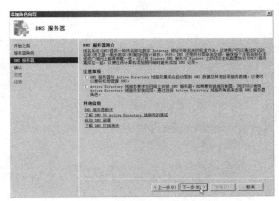

图 6-4 DNS 服务器

（6）在"安装结果"界面中，单击"关闭"按钮，重启服务器，如图 6-6 所示。

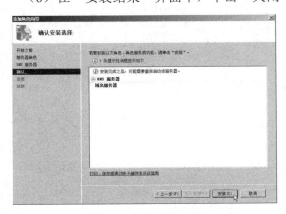

图 6-5 确认安装选择

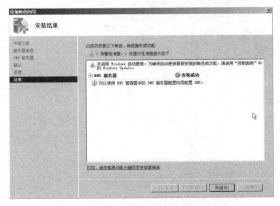

图 6-6 安装结果

2．配置 DNS 服务器

（1）选择"开始"/"管理工具"/"DNS 管理器"命令，弹出"DNS 管理器"窗口，右击"正向查找区域"选项，在弹出的快捷菜单中选择"新建区域"命令，如图 6-7 所示。

（2）在"区域类型"界面中，选中"主要区域"单选按钮，单击"下一步"按钮，如图 6-8 所示。

图 6-7　新建区域

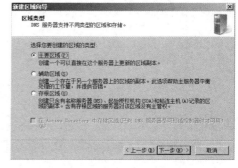

图 6-8　选择区域类型

（3）在"区域名称"界面中，输入区域名称为"hxz.com"，单击"下一步"按钮，如图 6-9 所示。

（4）在"区域文件"界面中，选中"创建新文件，文件名为"单选按钮，文件名默认即可，单击"下一步"按钮，如图 6-10 所示。

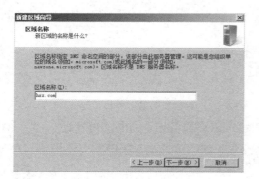

图 6-9　输入区域名称

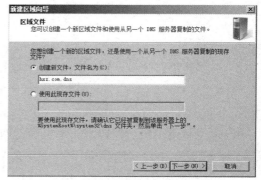

图 6-10　区域文件

（5）在"动态更新"界面中，选中"不允许动态更新"单选按钮，单击"下一步"按钮，如图 6-11 所示。

（6）在"正在完成新建区域向导"界面中，单击"完成"按钮，如图 6-12 所示。

（7）成功创建 "hxz.com"区域，如图 6-13 所示。

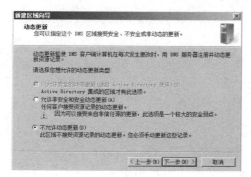

图 6-11　动态更新

图 6-12　正在完成新建区域向导

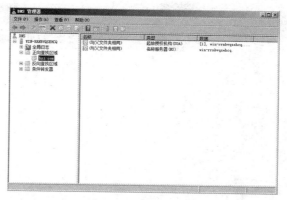

图 6-13　成功创建区域 hxz.com

（8）选择"hxz.com"域名，在右侧窗格空白处右击，在弹出的快捷菜单中选择"新建主机（A 或 AAAA）"命令，如图 6-14 所示。

图 6-14　新建主机

（9）在"新建主机"对话框中，在"名称"文本框中输入主机名称"www"，在"IP 地址"文本框中键入主机对应的 IP 地址，单击"添加主机"按钮，如图 6-15 所示。

（10）提示主机记录创建成功，单击"确定"按钮，如图 6-16 所示。

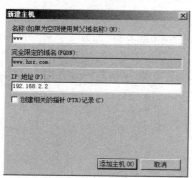

图 6-15　设置名称和 IP 地址

图 6-16　成功创建主机记录

（11）成功创建主机记录 www.hxz.com，如图 6-17 所示。

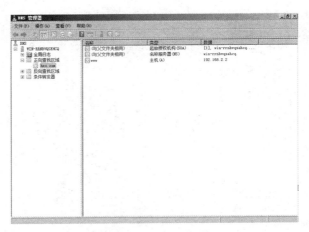

图 6-17　成功新建主机

3．创建别名资源记录

（1）选择"hxz.com"域名，在右侧窗格空白处右击，在弹出的快捷菜单中选择"新建别名（CNAME）"命令，如图 6-18 所示。

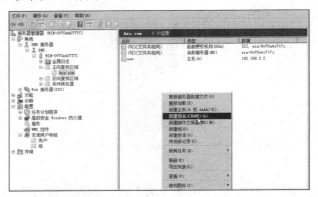

图 6-18　新建别名

（2）在"新建资源记录"对话框中，输入主机的别名和目标主机的完全合格域名，然后单击"确定"按钮，如图 6-19 所示。

（3）在"DNS"管理器中显示创建的 abc.hxz.com 是 www.hxz.com 的别名，如图 6-20 所示。

图 6-19　输入别名

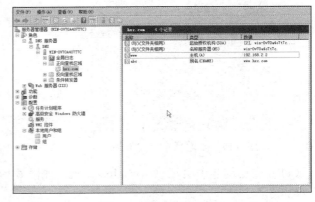

图 6-20　建立别名记录

4．创建邮件资源记录

（1）选择"hxz.com"域名，在右侧窗格空白处右击，在弹出的快捷菜单中选择"新建邮件交换器（MX）"命令，如图 6-21 所示。

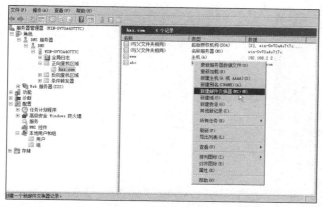

图 6-21　新建邮件交换器

（2）在"新建资源记录"对话框中设定　"主机或子域"、"邮件服务器的完全限定的域名（FQDN）"、"邮件服务器优先级"参数，然后单击"确定"按钮，如图 6-22 所示。

（3）在"DNS"管理器中显示创建的 www.hxz.com 邮件记录，如图 6-23 所示。

任务 2　配置 DNS 客户端

（1）在 Windows 8 客户端桌面上，右击"网络"图标，在弹出的快捷菜单中选择"属性"命令，如图 6-24 所示。

图 6-22　设定参数

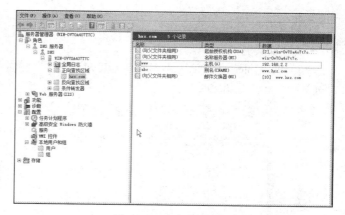

图 6-23　建立邮件记录

（2）在"网络和共享中心"窗口中，单击"更改适配器设置"链接，弹出"网络连接"窗口，如图 6-25 所示。

（3）在"网络连接"窗口中，右击"本地连接"图标，在弹出的快捷菜单中选择"属性"命令，如图 6-26 所示。

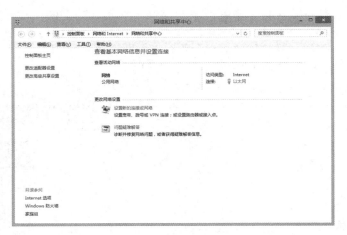

图 6-24　网络属性　　　　　　　　　　　　　　　　图 6-25　更改适配器设置

图 6-26　网络连接

（4）在"Internet 协议属性"界面中，双击"Internet 协议版本 4（TCP/IPv4）"选项，如图 6-27 所示。

（5）在"Internet 协议版本 4（TCP/IPv4）属性"界面中，选中"使用下面的 DNS 服务器地址"单选按钮，填入首选 DNS 服务器地址为"192.168.2.2"，单击"确定"按钮，如图 6-28 所示。

图 6-27　"Internet 协议版本 4（TCP/IPv4）属性"对话框　　　图 6-28　输入 DNS 服务器地址

任务 3　配置 DNS 转发器

（1）选择"开始"/"管理工具"/"DNS 管理器"命令，弹出"DNS 管理器"窗口，右击"DNS 服务器名称"选项，在弹出的快捷菜单中选择"属性"命令，如图 6-29 所示。

（2）在其属性对话框中，选择"转发器"标签，然后单击"编辑"按钮，如图 6-30 所示。

图 6-29　"DNS 管理器"窗口

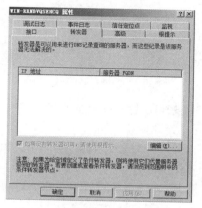

图 6-30　DNS 服务器属性对话框

（3）在"编辑转发器"对话框中，添加需要转发的 DNS 服务器的 IP 地址（如 202.96.0.133），如图 6-31 所示。

（4）单击"确定"按钮，完成配置，如图 6-32 所示。

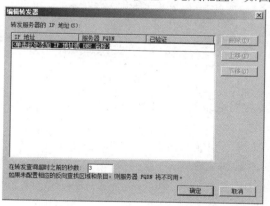

图 6-31　"编辑转发器"对话框

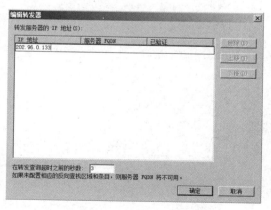

图 6-32　完成转发器配置

任务 4　配置 DNS 区域复制

（1）在 RODC1 域控制器上配置辅助 DNS 服务器，选择"开始"/"管理工具"/"DNS 管理器"命令，弹出"DNS 管理器"窗口，右击"正向查找区域"选项，在弹出的快捷菜单中选择"新建区域"命令，如图 6-33 所示。

（2）在"新建区域向导"对话框中，单击"下一步"按钮，如图 6-34 所示。

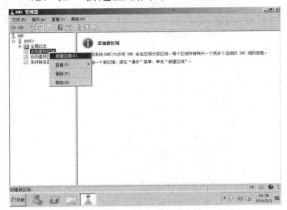
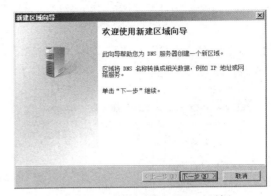

图 6-33　新建区域　　　　　　　　　　图 6-34　"新建区域向导"对话框

（3）在"区域类型"界面中，选中"辅助区域"单选按钮，单击"下一步"按钮，如图 6-35 所示。

（4）在"区域名称"界面中，输入区域名称为"hxz.com"，单击"下一步"按钮，如图 6-36 所示。

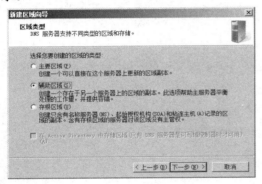
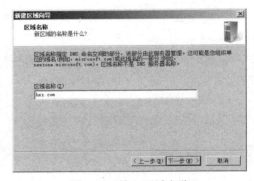

图 6-35　选择区域类型　　　　　　　　　图 6-36　输入区域名称

（5）在"主 DNS 服务器"界面中，添加主服务器地址为"192.168.2.2"，单击"下一步"按钮，如图 6-37 所示。

（6）在"正在完成新建区域向导"界面中，单击"完成"按钮，如图 6-38 所示。

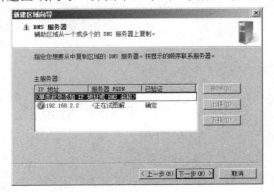

图 6-37　添加主服务器 IP 地址

（7）在 DC1 主域控制器中，选择"开始"/"管理工具"/"DNS 管理器"命令，弹出"DNS 管理器"窗口，右击域名"hxz.com"，在弹出的快捷菜单中选择"属性"命令，如图 6-39 所示。

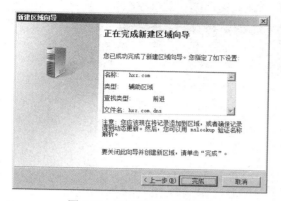

图 6-38　完成辅助区域配置

图 6-39　主 DNS 服务器

（8）在"hxz.com 属性"对话框中，选择"区域传送"标签，勾选"允许区域传送"复选框，单击"编辑"按钮，如图 6-40 所示。

（9）在"允许区域传送"对话框中，添加辅助 DNS 服务器的 IP 地址为"192.168.2.3"，单击"确定"按钮，如图 6-41 所示。

图 6-40　"hxz.com 属性"对话框

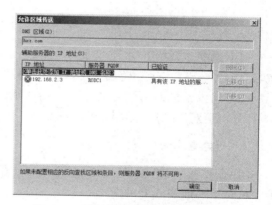

图 6-41　添加辅助 DNS 服务器 IP 地址

（10）单击"确定"按钮，完成配置，如图 6-42 所示。

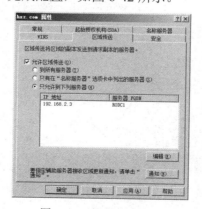

图 6-42　完成区域传送

（11）打开 RODC1 域控制器上的辅助 DNS 服务器，可以看到已经复制了 DC1 域控制器的 DNS 记录，如图 6-43 所示。

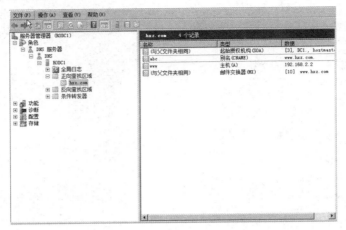

图 6-43　复制记录

任务 5　配置 DNS 子域和委派

1．创建子域

（1）选择"开始"/"管理工具"/"DNS 管理器"命令，弹出"DNS 管理器"窗口，右击域名"hxz.com"，在弹出的快捷菜单中选择"新建域"命令，如图 6-44 所示。

（2）输入子域的名称为"bt"，单击"确定"按钮，如图 6-45 所示。

（3）创建完子域后如图 6-46 所示。

2．创建委派域

（1）在委派子域服务器（192.168.2.100）上配置 DNS 服务，创建正向主要查找区域 zb.hxz.com 及主机记录，如图 6-47 所示。

图 6-44　新建域

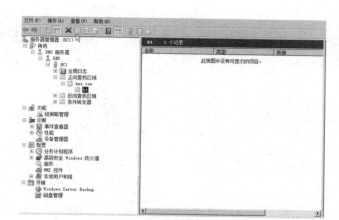

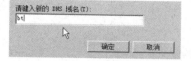

图 6-45　输入子域名称

图 6-46　创建子域成功

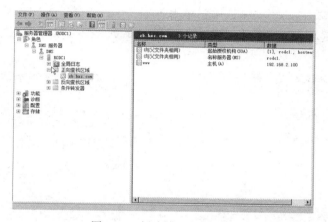

图 6-47　创建域及主机记录

（2）在父域 DNS 服务器上创建主机记录（zy.hxz.com），该主机记录的 IP 地址为委派子域所在的 DNS 服务器地址（192.168.2.100），如图 6-48 所示。

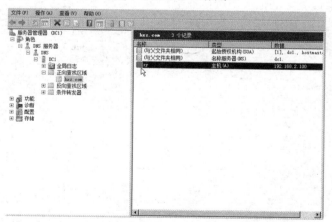

图 6-48　添加委派域的主机记录

（3）在父域 DNS 服务器上，右击域名"hxz.com"，在弹出的快捷菜单中选择"新建委派"命令，如图 6-49 所示。

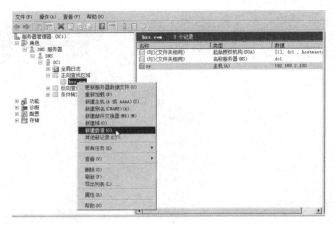

图 6-49　新建委派

（4）在"新建委派向导"对话框中，单击"下一步"按钮，如图 6-50 所示。

（5）在"受委派域名"界面中，在"委派的域"文本框中输入"zb"，单击"下一步"按钮，如图 6-51 所示。

图 6-50　"新建委派向导"对话框

图 6-51　指定受委派域名

（6）在"名称服务器"界面中，单击"添加"按钮，如图 6-52 所示。

（7）在"新建名称服务器记录"对话框中，输入委派子域服务器域名"zy.hxz.com"，单击"解析"按钮，如图 6-53 所示。

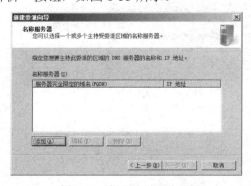

图 6-52　设置名称服务器

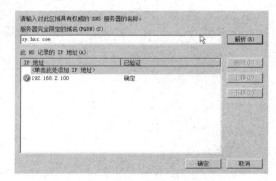

图 6-53　解析域名

（8）单击"确定"按钮，显示委派域 DNS 服务器名称和 IP 地址的对应关系，如图 6-54 所示。

（9）单击"下一步"按钮，完成域名委派，如图 6-55 所示。

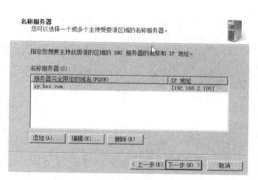

图 6-54   委派域 DNS 和 IP 地址的对应关系   图 6-55   完成域名委派

（10）在 Windows 8 客户端检测委派域的设置是否正确。选择"开始" / "命令提示符"命令，如图 6-56 所示。

（11）在"命令提示符"窗口中，输入"ping www.zb.hxz.com"命令，显示已经成功解析 www.zb.hxz.com，域名主机 IP 地址为 192.168.2.100，如图 6-57 所示。

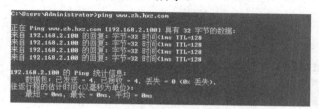

图 6-56   命令提示符   图 6-57   域名解析成功

实训题

　　ZJZZ 公司有自己的 Web 服务器，现在要使客户能够访问 www.zjzz.com，并且创建子域"bt.zjzz.com"，创建委派子域"zb.zjzz.com"，委派子域负责解析的 DNS 服务器域名为"zy.zjzz.com"。

【需求描述】

添加 DNS 角色服务；

创建域名"www.zjzz.com"，指定对应 IP 地址为 192.168.1.5；

创建 DNS 子域"bt.zjzz.com"；

创建委派子域"zb.zjzz.com"；

创建子域解析域名"zy.zjzz.com"，对应 IP 地址为 192.168.1.100。

项目 7

配置和管理 Web 和 FTP 服务

项目描述

　　HXZ 公司根据业务需要，要建立自己公司的网站。因此要架设一台 Web 服务器来运行公司网站，为企业内部和互联网用户提供 Web 服务。同时，为了方便内部各部门之间文件的上传和下载，需要配置 FTP 服务器。

项目目标

◇ 了解 IIS 7.0；
◇ 掌握 Web 服务器的安装；
◇ 掌握 Web 服务器的基本配置；
◇ 掌握部署静态网站的方法；
◇ 了解 FTP 服务器主要功能；
◇ 掌握 FTP 服务器主要配置；
◇ 掌握 FTP 站点的访问。

知识准备

1. IIS 和 Web 服务

1）Web 服务

　　Web 服务器也称为 WWW 服务器，是互联网中应用最广泛的服务。Web 服务器主要用来搭建 Web 网站，实现信息发布和共享，很多公司的信息宣传、网上交易等都要借助 Web 网站来实现。当然，Web 网站也有软件下载等功能。Windows Server 2008 R2 中的 Web 服务集成了 IIS 7.0、ASP.NET 和 Windows Communication Foundation，可以搭建功能完备的 Web 网站，支持 ASP 和.NET 动态功能。

2）超文本传输协议

超文本传输协议（Hyper Text Transfer Protocol，HTTP）是 Web 客户端与 Web 服务器之间的应用层协议，可以传输普通文本、超文本、声音、图像及其他任何在 Internet 中可以访问的信息。HTTP 是一个简单的协议，该协议的端口号一般是 80，在访问 Web 网站时可以省略。

3）URL

URL 指统一资源定位器，是 Internet 中用来描述信息资源的字符串。一个完整的 URL 包括 4 部分内容：第一部分是协议，第二部分是计算机的 IP 地址，第三部分是访问资源的具体地址，第四部分是端口号。第一部分和第二部分之间用"://"隔开，第二部分和第三部分之间用"/"隔开，如 http://192.168.2.2/mysite/index.html:80。其中，http 是协议名，192.168.2.2 是 IP 地址，/mysite/index.html 是具体资源地址，80 是端口号。

4）HTML

HTML 称为超文本标记语言，是用于描述网页文档的一种标记语言，它通过标记符号来标记要显示的网页中的各个部分，网页文件本身是一种文本文件，通过在文本文件中添加标记符号，可以告诉浏览器如何显示其中的内容。

5）静态网页与动态网页

在 Web 网站设计中，纯粹的 HTML 格式的网页通常称为静态网页，静态网页是以.html、.htm、.shtml、xml 等为扩展名的文件。动态网页是使用 PHP、ASP、ASP.NET、JSP 等网页脚本编写的，通过脚本将网站内容动态存储到数据库中，用户访问网站时通过读取数据库来动态生成网页。

6）虚拟目录

网站开发人员在建站过程中，必须为每个 Internet 站点指定一个主目录。主目录是一个默认位置，当 Internet 用户的请求没有指定特定文件时，IIS 将把用户的请求指向这个默认位置。代表站点的主目录一旦建立，IIS 就会默认地使这一目录结构全部由网络远程用户访问。但是，有时 IIS 也可以把用户的请求指向主目录以外的目录，这种目录称为虚拟目录。

处理虚拟目录时，IIS 把它作为主目录的一个子目录来对待，而对于 Internet 中的用户来说，访问时感觉不到虚拟目录与站点中其他任何目录之间有什么区别，可以像访问其他目录一样来访问这一虚拟目录。

7）IIS

互联网信息服务（Internet Information Server）是 Microsoft 公司主推的 Web 服务器，IIS 支持 ISAPI，使用 ISAPI 可以扩展服务器功能，IIS 的设计目的是建立一套集成的服务器服务，用以支持 HTTP、FTP 和 SMTP，它能够提供快速且集成了现有产品的服务，同时可扩展 Internet 服务器。

2．FTP 服务

1）FTP

FTP 服务是互联网中最重要的应用之一，是 IIS 中的一个重要组成部分，主要用来在 FTP 服务器和 FTP 客户端之间传输文件，FTP 服务不仅可以提供像文件共享一样的文件传输功能，还可以在 Internet 中传输文件。在维护 Web 网站、远程上传文件的服务器中，FTP 服务器通常以其安全、方便作为首选工具。

2）FTP 工作原理

FTP 服务有两个过程：一个是控制连接，一个是数据传输。FTP 需要两个端口，一个端口作为控制连接端口，也就是 FTP 的 21 端口，用于发送指令给服务器以及等待服务器响应；另外一个端口用于数据传输端口，端口号为 20（仅用 PORT 模式），是用来建立数据传输通道的。

 项目设计及准备

1. 项目设计

在已经安装好 Windows Server 2008 R2 Enterprise Edition 网络操作系统的服务器上安装 Web 服务，设置默认网站的 IP 地址为 192.168.2.2，将站点的主目录设置为 C:\Inetpub\wwwroot；配置 C:\Inetpub\wwwroot\wangluo 目录的虚拟目录为 wangluo，绑定网站的域名为 http://www.hxz.com；管理站点安全，禁止匿名访问网站，限制 IP 地址为 192.168.2.55 的机器访问网站；安装 FTP 服务器，名称为 coolftp，设置 FTP 的目录为 C:\Inetpub\ftproot，FTP 的访问方式为匿名访问，访问权限为可读写。

2. 项目准备

为了完成该项目，需要具备如下实施条件。
（1）VMware Workstation 10 虚拟机软件安装完毕。
（2）在虚拟环境下，Windows Server 2008 R2 Enterprise Edition 网络操作系统安装完毕。
（3）在虚拟环境下，Windows 8 操作系统已经安装完毕。

 项目实施

任务 1　安装和配置 Web 服务

1. 安装 Web 服务

（1）选择"开始"/"管理工具"/"服务器管理器"命令，弹出"服务器管理器"窗口，如图 7-1 所示。

图 7-1　"服务器管理器"窗口

（2）在"服务器管理器"窗口中单击 "添加角色向导"链接，弹出"添加角色向导"对话框，连续单击"下一步"按钮，在"选择服务器角色"界面中，勾选"Web 服务器（IIS）"复选框，如图 7-2 所示。

（3）单击"下一步"按钮，进入"Web 服务器（IIS）"界面，如图 7-3 所示。

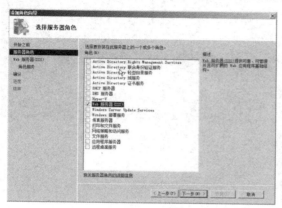

图 7-2 选择 Web 服务器

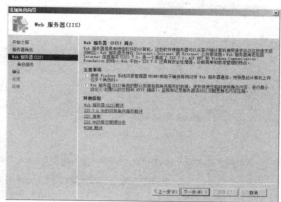

图 7-3 Web 服务器（IIS）

（4）单击"下一步"按钮，进入"选择角色服务"界面，列出 Web 服务器所包含的所有组件，如图 7-4 所示。

（5）单击"下一步"按钮，进入"确认安装选择"界面，列出前面选择的配置，如图 7-5 所示。

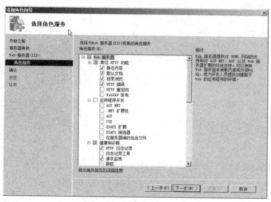

图 7-4 选择角色服务

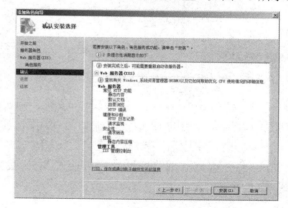

图 7-5 确认安装选择

（6）单击"安装"按钮，开始安装 Web 服务器，安装结束后如图 7-6 所示。

（7）在浏览器地址栏中输入"http://localhost"并按 Enter 键，显示 Web 服务器的默认主页，如图 7-7 所示。

2．配置 IP 地址和端口

（1）在 IIS 管理器中，选择默认的 Web 站点"Default Web Site"，在"Default Web Site 主页"右侧窗格中，可以配置默认 Web 站点的各种功能，如图 7-8 所示。

（2）单击默认站点右侧"操作"选项组中的"绑定"链接，弹出"网站绑定"对话框，如图 7-9 所示。

图 7-6　安装结束

图 7-7　Web 服务器默认主页

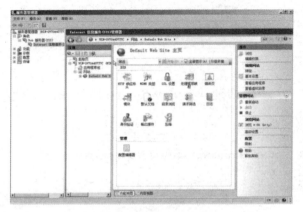

图 7-8　默认 web 站点

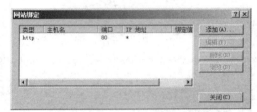

图 7-9　"网站绑定"对话框

（3）选择该网站，单击"编辑"按钮，弹出"编辑网站绑定"对话框，在"IP 地址"下拉列表中，选择可用的 IP 地址，端口号使用默认的"80"，如图 7-10 所示。

（4）设置完成后，单击"确定"按钮。

（5）在客户端浏览器地址栏中输入 Web 服务器地址"http://192.168.2.2"，按 Enter 键，如图 7-11 所示。

图 7-10　"编辑网站绑定"对话框

图 7-11　客户端访问 Web 服务器

3．配置主目录

（1）在 IIS 管理器中，选择默认的 Web 站点"Default Web Site"，单击"操作"选项组中的"基本设置"链接，弹出"编辑网站"对话框，如图 7-12 所示。

（2）在"物理路径"文中框中输入 Web 站点的路径，单击"确定"按钮，如图 7-13 所示。

图 7-12　"编辑网站"对话框

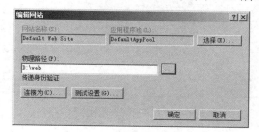

图 7-13　设置 Web 站点路径

任务 2　配置虚拟目录和虚拟主机

1．配置虚拟目录

（1）在 IIS 管理器中，选择要创建虚拟目录的站点并右击，在弹出的快捷菜单中选择"添加虚拟目录"命令，弹出"添加应用程序"对话框，在"别名"文本框中输入虚拟目录的别名，在"物理路径"文本框中选择该虚拟目录所在的物理路径，如图 7-14 所示。

（2）单击"确定"按钮，虚拟目录添加成功，并显示在 Web 站点下方作为其子目录，如图 7-15 所示。

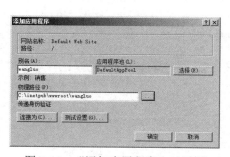

图 7-14　"添加应用程序"对话框

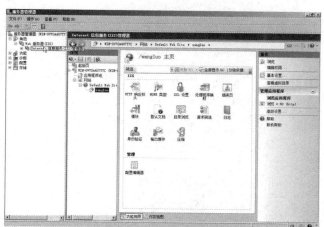

图 7-15　虚拟目录

2．配置虚拟主机

方法一：使用不同的 IP 地址配置虚拟主机。

（1）在服务器端桌面上右击"网络"图标，在弹出的快捷菜单中选择"属性"命令，弹出"网络和共享中心"窗口，如图 7-16 所示。

（2）单击"更改适配器设置"链接，弹出"网络连接"窗口，如图 7-17 所示。

网络服务器配置与管理（Windows Server 2008）

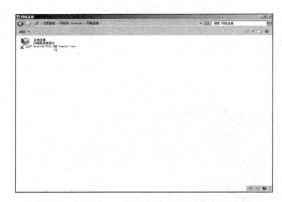

图 7-16　"网络和共享中心"窗口　　　　　　图 7-17　"网络连接"窗口

（3）右击"本地连接"图标，在弹出的快捷菜单中选择"属性"命令，弹出"本地连接属性"对话框，如图 7-18 所示。

（4）双击"Internet 协议版本 4（TCP/IPv4）选项"，弹出"Internet 协议版本 4（TCP/IPv4）属性"对话框，如图 7-19 所示。

图 7-18　"本地连接属性"对话框　　　图 7-19　"Internet 协议版本 4（TCP/IPv4）属性"对话框

（5）单击"高级"按钮，打开"高级 TCP/IP 设置"对话框，如图 7-20 所示。

（6）单击"IP 地址"选项组中的"添加"按钮，添加一个新的 IP 地址，如图 7-21 所示。

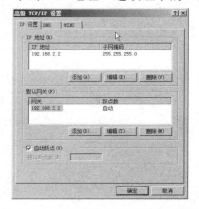

图 7-20　"高级 TCP/IP 设置"对话框　　　　图 7-21　添加新的 IP 地址

（7）弹出"Internet 信息服务（IIS）管理器"窗口，右击左侧窗格中的"网站"选项，在弹出的快捷菜单中选择"添加网站"命令，如图 7-22 所示。

094

（8）在"添加网站"对话框中，输入站点名称和物理路径，在"IP 地址"下拉列表中选择"全部未分配"选项，单击"确定"按钮，如图 7-23 所示。

图 7-22　添加网站

图 7-23　配置新站点

（9）在客户端浏览器中输入站点的 IP 地址，如图 7-24 所示。

（10）在客户端浏览器中输入站点的另外一个 IP 地址，如图 7-25 所示。

图 7-24　使用初始 IP 地址访问网站

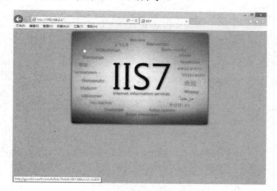

图 7-25　不同 IP 地址访问网站

方法二：使用相同的 IP 地址、不同的端口配置虚拟主机。

（1）弹出"Internet 信息服务（IIS）管理器"窗口，右击左侧窗格中的"网站"选项，在弹出的快捷菜单中选择"添加网站"命令，如图 7-26 所示。

（2）在"添加网站"对话框中输入站点名称和物理路径，在"端口"文本框中输入一个新端口，单击"确定"按钮，如图 7-27 所示。

图 7-26　添加网站

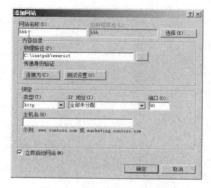

图 7-27　设置站点的端口

（3）在客户端浏览器地址栏中输入站点的 IP 地址，如图 7-28 所示。

（4）在客户端浏览器地址栏中输入站点的 IP 地址和新端口号，如图 7-29 所示。

图 7-28　使用默认端口访问网站　　　　　　　图 7-29　不同端口访问网站

方法三：使用相同的 IP 地址和端口、不同的主机头配置虚拟目录。

（1）将主机头名与 IP 地址注册到 DNS 服务器中。在 DNS 服务器上创建名为 hxz.com 的 DNS 区域，并创建名称为 www 的主机记录，如图 7-30 所示。

（2）弹出"Internet 信息服务（IIS）管理器"窗口，右击左侧窗格中的"网站"选项，在弹出的快捷菜单中选择"添加网站"命令，弹出"添加网站"对话框。在"主机名"文本框中输入主机名"www.hxz.com"，单击"确定"按钮，如图 7-31 所示。

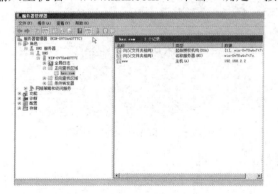
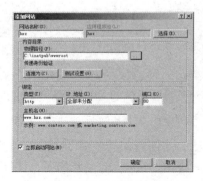

图 7-30　创建主机域名　　　　　　　　　图 7-31　创建有主机名的网站

（3）在客户端桌面上右击"网络"图标，在弹出的快捷菜单中选择"属性"命令，弹出"网络连接"窗口，如图 7-32 所示。

图 7-32　网络连接

（4）右击"以太网"图标，在弹出的快捷菜单中选择"属性"命令，弹出"以太网属性"对话框，如图 7-33 所示。

（5）双击"Internet 协议版本 4（TCP/IPv4）"选项，弹出"Internet 协议版本 4（TCP/IPv4）属性"对话框，如图 7-34 所示。

图 7-33 "以太网属性"对话框

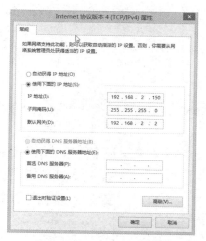

图 7-34 TCP/IPv4 属性

（6）在"首选 DNS 服务器"文本框中输入服务器地址"192.168.2.2"，单击"确定"按钮，如图 7-35 所示。

（7）打开客户端浏览器，在地址栏中输入"http://www.hxz.com"并按 Enter 键，如图 7-36 所示。

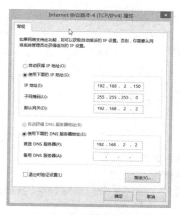

图 7-35 设置 DNS 的 IP 地址

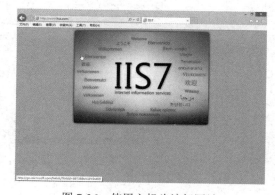

图 7-36 使用主机头访问网站

任务 3 管理 Web 站点安全

1. 禁用匿名访问

（1）在 IIS 管理器中，选择默认的 Web 站点"Default Web Site"，如图 7-37 所示。

（2）在网站主页中双击"身份验证"选项，如图 7-38 所示。

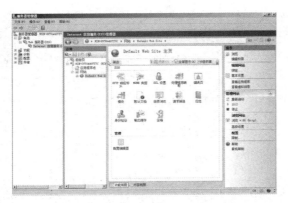

图 7-37　选择默认站点

图 7-38　身份验证

（3）单击右侧窗格中的"禁用"链接，用户无法访问 Web 服务器，如图 7-39 所示。

图 7-39　用户无法访问网站

2．通过 IP 地址限制访问网站

（1）弹出"服务器管理器"窗口，选择左侧窗格中的"角色"选项，如图 7-40 所示。

（2）选择角色中的"Web 服务器（IIS）"选项，如图 7-41 所示。

图 7-40　选择角色

图 7-41　Web 服务器

（3）在 IIS 服务器右侧窗格中单击"添加角色服务"链接，弹出"添加角色服务"对话框，如图 7-42 所示。

（4）在安全性内容中勾选"IP 和域限制"复选框，单击"下一步"按钮，如图 7-43 所示。

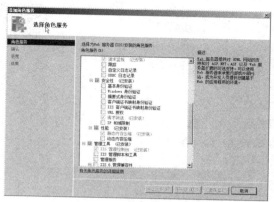

图 7-42　"添加角色服务"对话框

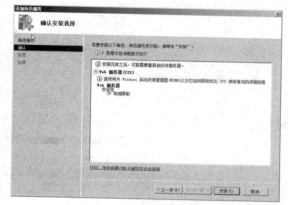

图 7-43　确认安装选择

（5）单击"安装"按钮，安装角色，如图 7-44 所示。

（6）打开 IIS 管理器，在左侧窗格中选择"默认网站"选项，在中间窗格中双击"IP 地址和域限制"选项，如图 7-45 所示。

图 7-44　添加角色完成

图 7-45　IP 地址和域限制

（7）在弹出的"IP 地址和域限制"对话框中，选择"添加拒绝条目"选项，弹出"添加拒绝限制规则"对话框，在"特定 IP 地址"文本框中输入要拒绝的 IP 地址，如图 7-46 所示。

（8）单击"确定"按钮，该 IP 地址的用户无法访问网站，如图 7-47 所示。

图 7-46　添加拒绝条目

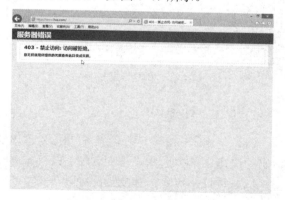

图 7-47　禁止访问

任务 4   安装和配置 FTP 服务

1. 安装 FTP 服务

（1）弹出"服务器管理"窗口，勾选"Web 服务器（IIS）"复选框，单击"添加服务角色"链接，弹出"选择角色服务"对话框，勾选"FTP 服务器"复选框，如图 7-48 所示。

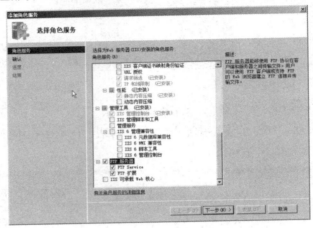

图 7-48　添加 FTP 角色服务

（2）单击"下一步"按钮，弹出"确认安装选择"对话框，如图 7-49 所示。

（3）单击"安装"按钮，安装角色服务，如图 7-50 所示。

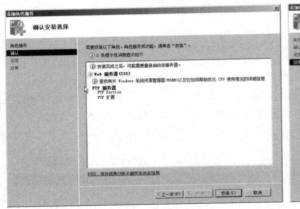

图 7-49　确认安装选择

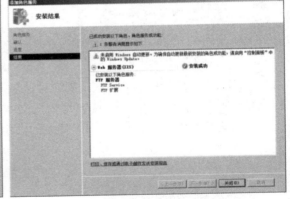

图 7-50　FTP 服务安装完成

2. 配置 FTP 服务

（1）弹出"Internet 信息服务（IIS）管理器"窗口，右击左侧窗格中的"网站"选项，在弹出的快捷菜单中选择"添加 FTP 站点"命令，如图 7-51 所示。

（2）设置站点名称和物理路径，如图 7-52 所示。

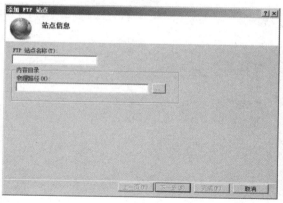

图 7-51　添加 FTP 站点

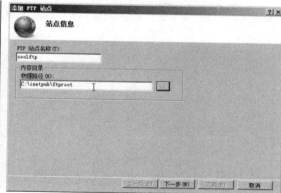

图 7-52　输入 FTP 站点信息

（3）单击"下一步"按钮，设置 IP 地址，启动虚拟主机名，输入"www.hxz.com"，设置 SSL 为"允许"，如图 7-53 所示。

（4）单击"下一步"按钮，设置"身份验证"为"匿名"，授权为"所有用户"，权限为"读取"和"写入"，如图 7-54 所示。

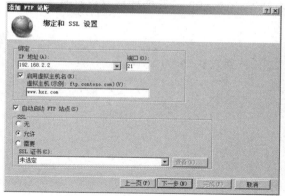

图 7-53　设置 FTP 地址

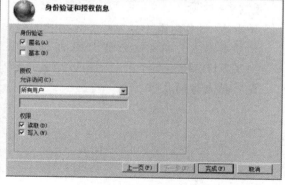

图 7-54　设置 FTP 身份验证和授权信息

任务 5　客户端访问 FTP 服务器

（1）在客户端浏览器地址栏中输入 FTP 服务的协议和地址"ftp://www.hxz.com"，然后按 Enter 键，如图 7-55 所示。

（2）在右侧窗格空白处右击，在弹出的快捷菜单中选择"新建文件夹"命令，可以创建文件夹，如图 7-56 所示。

图 7-55　打开 FTP 站点　　　　　　　　　　　　　　　　图 7-56　新建文件夹

 实训题

ZJZZ 公司建立了一个 Web 服务器，域名为 www.zjzz.com，现要对网站进行设置。
【需求描述】
添加 Web 角色服务；
创建新站点，指定站点 IP 地址为 192.168.1.5，使用默认的 80 端口；
安装 FTP 服务；
设置站点访问权限。

项目 8

配置和管理邮件服务器

项目描述

　　HXZ 公司由于业务需要，准备使用 Winmail Mail Server 在 Windows Server 2008 环境下搭建邮件服务器，为公司员工提供电子邮件服务。

项目目标

　　◇ 理解邮件服务概念及原理；
　　◇ 能够利用 Winmail 搭建邮件服务器；
　　◇ 能够对邮件服务器进行管理。

知识准备

1. 邮件服务器

　　电子邮件的工作过程遵循"服务器/客户端"模式，每份电子邮件的发送都要涉及发送方与接收方，此时发送方就是客户端，而接收方则是邮件服务器。在邮件服务器中有众多用户的电子信箱，发送方通过邮件客户程序将编辑好的电子邮件向邮件服务器发送，邮件服务器识别接收者的地址之后将邮件存放在接收者的电子信箱内，并告知接收者有新邮件到来。接收者通过邮件客户程序连接到服务器后，就会看到服务器的通知，进而打开自己的电子信箱来查收邮件。

2. 电子邮件传输过程

　　（1）当用户需要发送电子邮件时，首先利用客户端电子邮件应用程序按规定格式起草、编辑一封邮件，指明收件人的电子邮件地址，然后利用 SMTP 将邮件送往发送端的邮件服务器。

（2）发送端的邮件服务器接收到用户送来的邮件后，按收件人地址中的邮件服务器主机名，通过 SMTP 将邮件送到接收端的邮件服务器，接收端的邮件服务器根据收件人地址中的账号将邮件投递到对应的邮箱中。

（3）利用 POP3 协议或 IMAP，接收端的用户可以在任何时间、地点利用电子邮件应用程序从自己的邮箱中读取邮件，并对自己的邮件进行管理。

3．电子邮件协议

1）SMTP

简单邮件传输协议（Simple Mail Transfer Protocol，SMTP）是 Internet 上基于 TCP/IP 的应用层协议，适用于主机与主机之间的电子邮件交换。SMTP 的特点是简单，它只定义了邮件发送方和接收方之间的连接传输，将电子邮件由一台计算机传送到另一台计算机，而不规定其他任何操作，如用户界面的交互、邮件的接收、邮件存储等。Internet 上几乎所有主机都运行着遵循 SMTP 的电子邮件软件，因此使用非常普遍。由于 SMTP 简单，因而有其一定的局限性，它只能传送 ASCII 文本文件，而对于一些二进制数据文件则需要进行编码后才能传输。

2）POP 协议

电子邮件用户要从邮件服务器读取或下载邮件时必须要有邮件读取协议。现在常用的邮件读取协议有两个，一个是邮局协议的第 3 版本（Post Office Protocol Version 3，POP3），另一个是因特网报文存取协议（Internet Message Access Protocol，IMAP）。

POP3 是一个非常简单、但功能有限的邮件读取协议，大多数 ISP 支持 POP3。当邮件用户将邮件接收软件设定为 POP3 阅读电子邮件时，每当使用者要阅读电子邮件时，它都会把所有信件内容下载至使用者的计算机。此外，它可选择把邮件保留在邮件服务器上或不保留在邮件服务器上；无论如何，它都会全部下载至使用者的计算机中。当使用者选择不保留邮件在服务器上时，若使用者不使用同一台计算机阅读电子邮件，他将无法阅读之前所下载过的邮件。而如果使用者选择保留邮件在服务器上，当邮件的数量积累太多时，阅读邮件所需要的时间也相对较长。若使用者不使用同一台计算机阅读电子邮件，信件内容将会保留在每一台所使用的计算机上，这样，如果使用者不随即清理其邮件，邮件将很容易被其他人阅读。POP3 比较适用于用户只从一台固定的客户机访问邮箱的情况，它将所有的邮件都读取到这台固定的客户机中存储。

4．电子邮件结构

一般电子邮件书写格式如下。

（1）From：user1 @domain.com 邮件发送者。

（2）To： user2 @domain. Com 邮件接收者。

（3）Subject：主题。

（4）Date：发送日期。

（5）发送内容

电子邮箱的格式通常为 username@domain.com。其中，username 为用户名（邮箱账户名），"@" 后面是域名。例如，腾讯的邮箱格式一般：xxx@qq.com（xxx 为 QQ 号码）。

项目设计及准备

1．项目设计

在已经安装好 Windows Server 2008 R2 Enterprise Edition 网络操作系统的服务器上安装 Winmail 邮件服务器软件，在 Winmail 中设置域名为 hxz.com，创建两个邮箱，一个是 aaa@hxz.com，另一个是 bbb@hxz.com。最终实现两个邮箱互相发送、接收电子邮件功能。

2．项目准备

为了完成该项目，需要具备如下实施条件。

（1）VMware Workstation 10 虚拟机软件安装完毕。

（2）在虚拟环境下，Windows Server 2008 R2 Enterprise Edition 网络操作系统安装完毕。

（3）在虚拟环境下，Windows 8 操作系统已经安装完毕，且已经安装好 Outlook 或者 Foxmail 软件。

（4）下载 Winmail 邮件服务器软件。

项目实施

任务 1　安装 Winmail 邮件服务器

（1）双击 Winmail 软件安装程序，弹出安装向导对话框，如图 8-1 所示。

（2）单击"下一步"按钮，弹出"许可协议"对话框，如图 8-2 所示。

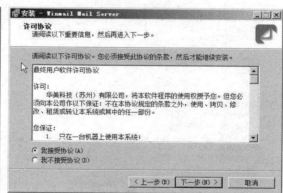

图 8-1　安装向导　　　　　　　　　　　　图 8-2　"许可协议"对话框

（3）单击"下一步"按钮，弹出"信息"对话框，如图 8-3 所示。

（4）单击"下一步"按钮，弹出"选择安装位置"对话框，如图 8-4 所示。

（5）单击"下一步"按钮，弹出"选择组件"对话框，如图 8-5 所示。

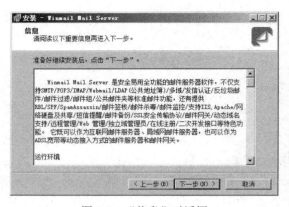

图 8-3　"信息"对话框

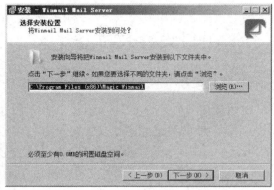

图 8-4　选择安装位置

（6）单击"下一步"按钮，弹出创建快捷方式对话框，如图 8-6 所示。

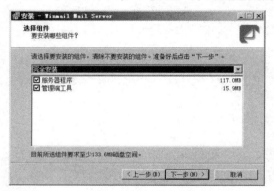

图 8-5　安装组件

图 8-6　创建快捷方式

（7）单击"下一步"按钮，弹出"选择附加任务"对话框，如图 8-7 所示。

（8）单击"下一步"按钮，弹出"密码设置"对话框，如图 8-8 所示。

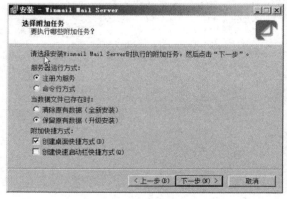

图 8-7　附加信息

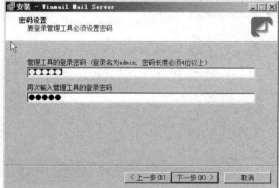

图 8-8　设置管理员密码

（9）单击"下一步"按钮，弹出"安装准备完毕"对话框，如图 8-9 所示。

（10）单击"安装"按钮，开始安装，安装结束后如图 8-10 所示。

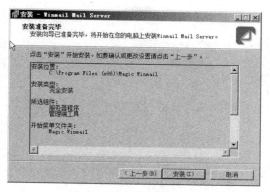

图 8-9 准备安装

图 8-10 安装结束

任务 2 配置 Winmail 邮件服务器

1. 登录服务器

（1）双击桌面上的 Winmail 管理端工具图标，弹出"连接服务器"对话框，输入管理员密码，单击"确定"按钮，如图 8-11 所示。

（2）打开 Winmail 服务器管理工具，如图 8-12 所示。

图 8-11 登录服务器

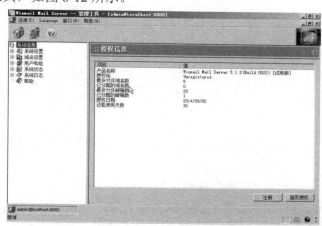

图 8-12 服务器管理工具

2. 设置邮件服务器域名

（1）在服务器管理工具界面中，选择左侧窗格中的"域名设置"/"域名管理"选项，如图 8-13 所示。

（2）单击"新增"按钮，弹出"增加域名"对话框，设置域名为"hxz.com"，如图 8-14 所示。

（3）单击"确定"按钮，完成添加，如图 8-15 所示。

3. 创建新用户

（1）在服务器管理工具界面中，选择左侧窗格中的"用户和组"/"用户管理"选项，如

图 8-16 所示。

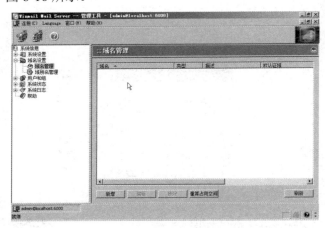

图 8-13 域名管理

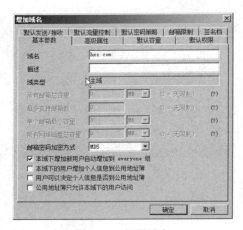

图 8-14 新增域名

图 8-15 完成域名设置

图 8-16 用户管理

（2）单击"新增"按钮，弹出"基本设置"对话框，输入用户名、密码等信息，如图 8-17 所示。

（3）单击"完成"按钮，如图 8-18 所示。

图 8-17 aaa 用户信息

图 8-18 添加 aaa 用户

（4）单击"新增"按钮，增加另一用户，如图 8-19 所示。

（5）单击"完成"按钮，如图 8-20 所示。

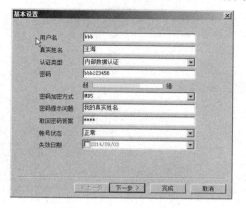

图 8-19　bbb 用户信息

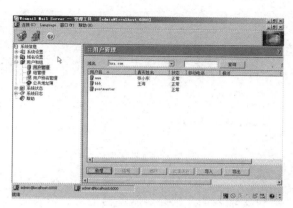

图 8-20　添加 bbb 用户

任务 3　Outlook 配置客户端邮箱

1. 添加用户

（1）打开客户端邮箱软件，如图 8-21 所示。

（2）单击"下一步"按钮，弹出"账户配置"对话框，如图 8-22 所示。

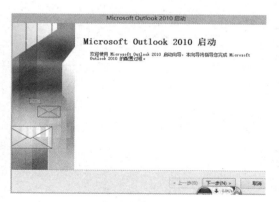

图 8-21　邮箱软件

图 8-22　账户配置

（3）单击"是"按钮，单击"下一步"按钮，弹出"添加新账户"对话框，如图 8-23 所示。

（4）选中"手动配置服务器设置或其他服务器类型"单选按钮，单击"下一步"按钮，弹出"选择服务"对话框，如图 8-24 所示。

（5）选中"Internet 电子邮件"单选按钮，单击"下一步"按钮，弹出"Internet 电子邮件设置"对话框，如图 8-25 所示。

图 8-23　添加新账户

图 8-24　选择服务

（6）输入用户信息、服务器信息、登录信息，单击"下一步"按钮，弹出"测试账户设置"对话框，如图 8-26 所示。

（7）单击"关闭"按钮，如图 8-27 所示。

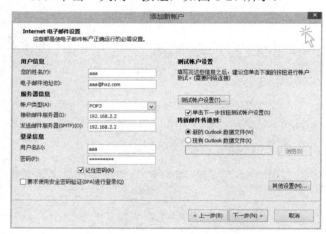

图 8-25　设置电子邮件

图 8-26　账户测试

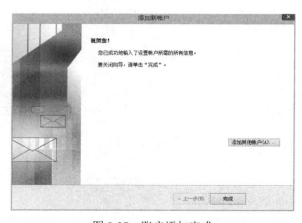

图 8-27　账户添加完成

（8）单击"添加其他账户"按钮，弹出"添加新账户"对话框，如图 8-28 所示。

（9）选中"手动配置服务器设置或其他服务器类型"单选按钮，单击"下一步"按钮，弹出"选择服务"对话框，如图 8-29 所示。

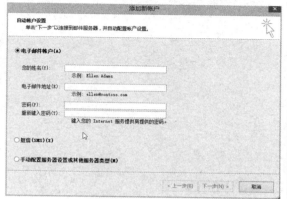

图 8-28　添加新账户

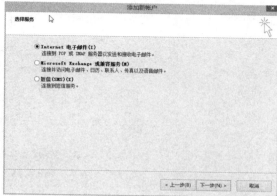

图 8-29　选择服务

（10）选中"Internet 电子邮件"单选按钮，单击"下一步"按钮，弹出"Internet 电子邮件设置"对话框，如图 8-30 所示。

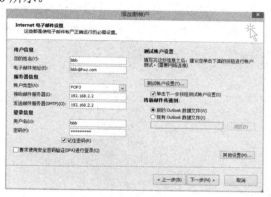

图 8-30　设置电子邮件

（11）输入用户信息、服务器信息、登录信息，单击"下一步"按钮，弹出"测试账户设置"对话框，如图 8-31 所示。

（12）单击"关闭"按钮，如图 8-32 所示。

图 8-31　账户测试

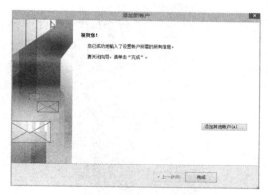

图 8-32　账户添加完成

（13）单击"完成"按钮，如图 8-33 所示。

图 8-33　账户信息

2．发送、接收邮件

（1）选择"aaa@hxz.com"账户，单击"新建电子邮件"按钮，打开编写电子邮件窗口，如图 8-34 所示。

（2）选择"发送/接收"/"发送接收所有文件夹"命令，如图 8-35 所示。

图 8-34　编写电子邮件

图 8-35　发送接收邮件

（3）选择"bbb@hxz.com"账户，选择收件箱，发现收到了 aaa@hxz.com 用户的邮件，如图 8-36 所示。

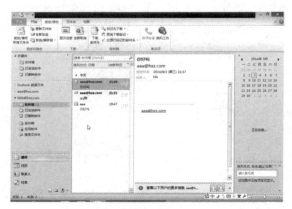

图 8-36　收到邮件

任务 4 Foxmail 配置客户端邮箱

1. 添加用户

（1）打开客户端邮箱软件，如图 8-37 所示。

（2）单击"手动设置"按钮，进行账号设置，如图 8-38 所示。

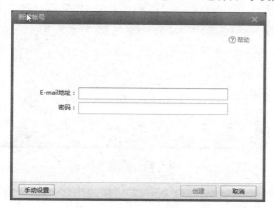

图 8-37 客户端邮箱

图 8-38 账号设置

（3）设置邮件账号、密码、服务器信息等，单击"创建"按钮，完成账户的创建，如图 8-39 所示。

（4）选择 Foxmail 窗口右侧的"账号管理"选项，如图 8-40 所示。

图 8-39 账号创建完成

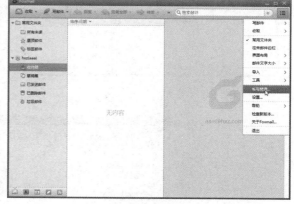

图 8-40 账号管理

（5）单击"新建"按钮，新建账号，如图 8-41 所示。

（6）单击"手动设置"按钮，如图 8-42 所示。

（7）单击"代理设置"按钮，如图 8-43 所示。

（8）设置邮件账号、密码、服务器信息等，单击"创建"按钮，完成账户的创建，如图 8-44 所示。

（9）用户创建完成，如图 8-45 所示。

2．发送、接收邮件

（1）选择"aaa"用户，选择"写邮件"选项，如图 8-46 所示。

（2）选择"bbb"用户，选择"收邮件"选项，如图 8-47 所示。

图 8-41　账号管理

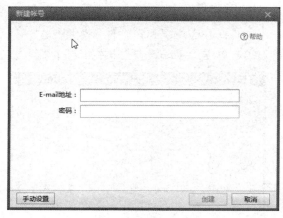

图 8-42　新建账号

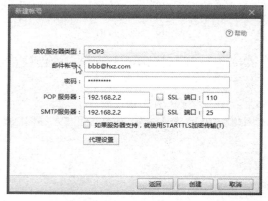

图 8-43　账号设置

图 8-44　账号创建完成

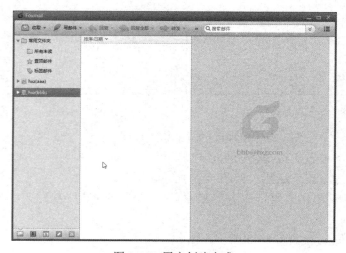

图 8-45　用户创建完成

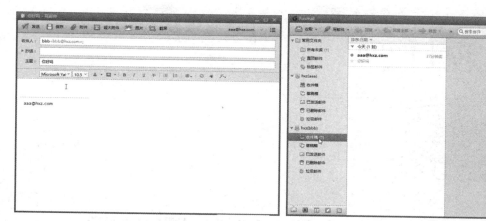

图 8-46　编写邮件　　　　　　　　　　　　图 8-47　收取邮件

 实训题

　　ZJZZ 公司需要对内部员工开通邮件服务功能，方便大家的沟通和交流。邮箱域名为 zjzz.com。

【需求描述】

安装 Winmail 邮件服务器软件；

配置邮件服务器的域名和用户名；

员工能够互相发送和接收邮件。

项目 9

配置和管理 DHCP 服务器

项目描述

HXZ 公司原来的局域网规模很小，以手动方式为局域网内的计算机配置 IP 地址即可。随着计算机数量的增加，经常出现"IP 地址冲突"现象。而且公司的客户访问时，经常要用到局域网，使用手动方式设置很麻烦。因此，需要安装一台 DHCP 服务器，解决上述问题。

项目目标

◇ 理解 DHCP 服务的作用；
◇ 掌握 DHCP 服务器的配置和管理；
◇ 掌握 DHCP 客户端的配置；
◇ 了解 DHCP 租约过程；
◇ 掌握 DHCP 的更新与释放。

知识准备

1．DHCP 服务

DHCP 服务是 Windows Server 2008 R2 操作系统内置的服务组件之一。由于 DHCP 服务可以为网络内的客户端计算机自动分配 TCP/IP 配置信息，因此能够避免用户手动配置相关选项的烦琐工作。

2．DHCP 的租约过程

作为 DHCP 客户端的计算机启动时，将从 DHCP 服务器获得其 TCP/IP 配置信息，并得到

IP 地址的租期。租期是指 DHCP 客户端从 DHCP 服务器获得完整的 TCP/IP 配置后对该 TCP/IP 配置的使用时间。

DHCP 客户端从 DHCP 服务器获得 IP 地址信息的工作过程大致如下。

1）DHCP 发现

当计算机被设置为自动获取 IP 地址时，既不知道自己的 IP 地址，也不知道 DHCP 服务器的 IP 地址。它会使用 0.0.0.0 作为自己的 IP 地址，255.255.255.255 作为服务器的地址，广播发送 DHCP 发现信息，发现信息中包括网卡的 MAC 地址和 NetBIOS 名称。

当发送第一个 DHCP 发现信息后，DHCP 客户端将等待 1 秒。在此期间，如果没有 DHCP 服务器响应，DHCP 客户端将分别在第 9 秒、第 13 秒和第 16 秒时重复发送 DHCP 发现信息。如果仍然没有得到 DHCP 服务器的应答，将每隔 5 分钟再广播一次发现信息，直到得到一个应答为止。同时，Windows 98/Me/2000/XP/7/8/10 客户端将自动从 Microsoft 保留 IP 地址段（169.254.0.1～169.254.255.254）中选择一个作为自己的 IP 地址。所以即使在网络中没有 DHCP 服务器，计算机之间仍然可以通过网上邻居发现彼此。

2）DHCP 提供

当网络中的任何一个 DHCP 服务器（同一网络中存在多个 DHCP 服务器时）收到 DHCP 客户端的 DHCP 发现信息后，就从 IP 地址池中选取一个没有出租的 IP 地址，利用广播方式提供给 DHCP 客户端。在还没有将该 IP 地址正式租用给 DHCP 客户端之前，这个 IP 地址会暂时被保留起来，以免分配给其他的 DHCP 客户端。

如果网络中有多台 DHCP 服务器收到了 DHCP 客户端的 DHCP 发现信息，同时这些 DHCP 服务器都广播了一个应答信息给该 DHCP 客户端，则 DHCP 客户端将从收到应答信息的第一台 DHCP 服务器中获得 IP 地址及其配置。

提供应答信息是 DHCP 服务器发给 DHCP 客户端的第一个响应，包含 IP 地址、子网掩码、租用期（以小时为单位）和提供响应的 DHCP 服务器的 IP 地址。

3）DHCP 请求

当 DHCP 客户端收到第一个由 DHCP 服务器提供的应答信息后，将以广播方式发送 DHCP 请求信息给网络中所有的 DHCP 服务器。既通知它已选择的 DHCP 服务器，也通知其他没有被选中的 DHCP 服务器，以便这些 DHCP 服务器释放原本保留的 IP 地址，供其他 DHCP 客户端使用。在 DHCP 请求信息中包含所选择 DHCP 服务器的 IP 地址。

4）DHCP 应答

一旦被选择的 DHCP 服务器接收到 DHCP 客户端的 DHCP 请求信息后，就将已保留的 IP 地址标识为已租用，并以广播方式发送一个 DHCP 应答信息给 DHCP 客户端。该 DHCP 客户端在接收 DHCP 应答信息后，IP 地址的获得过程即完成了，并利用该 IP 地址与网络中的其他计算机进行通信。

3. 更新与释放 IP 租约

当 DHCP 客户端租到 IP 地址后，不可能长期占用，而是有一个使用期，即租期。当 IP 地址使用时间达到租期的一半时，将向 DHCP 服务器发送一个新的 DHCP 请求，若服务器在接收到该信息后，会回送一个 DHCP 应答信息，以续订并重新开始一个租用周期。该过程就像是续签租赁合同，只是续约时间必须在合同期的一半进行。

项目设计及准备

1．项目设计

在已经安装好 Windows Server 2008 R2 Enterprise Edition 网络操作系统的服务器上安装 DHCP 服务器，设置服务器的 IP 地址为 192.168.2.2，作用域为 192.168.2.3～192.168.2.254；配置 DHCP 服务器，添加新的作用域为 192.168.3.1～192.168.3.254，在新的作用域中排除 192.168.3.10～192.168.3.15 的 IP 地址；设置 DHCP 客户端 IP 地址为自动获取；维护 DHCP 服务器，包括备份 DHCP 数据库和还原 DHCP 数据库。

2．项目准备

为了完成该项目，需要具备如下实施条件。

（1）VMware Workstation 10 虚拟机软件安装完毕。

（2）在虚拟环境下，Windows Server 2008 R2 Enterprise Edition 网络操作系统安装完毕。

（3）在虚拟环境下，Windows 8 操作系统已经安装完毕。

 项目实施

任务 1　配置 DHCP 服务

1．安装 DHCP 服务

（1）弹出"服务器管理器"窗口，单击"角色"窗格中的"添加角色"链接，弹出"选择服务器角色"对话框，勾选"DHCP 服务器"复选框，如图 9-1 所示。

（2）单击"下一步"按钮，弹出"DHCP 服务器"对话框，如图 9-2 所示。

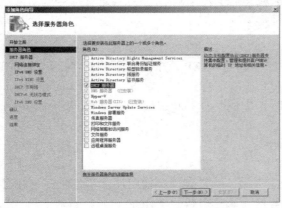
图 9-1　选择服务器角色

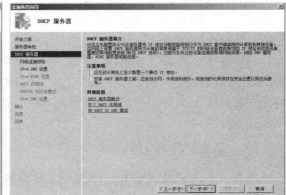
图 9-2　DHCP 服务器

（3）单击"下一步"按钮，弹出"选择网络连接绑定"对话框，选择向客户端提供服务的网络连接，如图 9-3 所示。

（4）单击"下一步"按钮，弹出"指定 IPv4 DNS 服务器设置"对话框，在"父域"文本框中输入当前域名，在"首选 DNS 服务器 IPv4 地址"文本框中输入本地网络中使用的 DNS 服务器的 IPv4 地址，如图 9-4 所示。

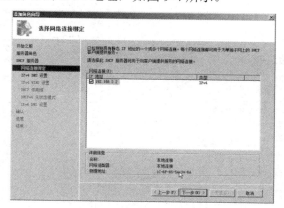
图 9-3　网络连接绑定

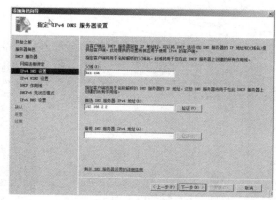
图 9-4　指定 IPv4 DNS 服务器

（5）单击"下一步"按钮，弹出"指定 IPv4 WINS 服务器设置"对话框，选中"不需要使用 WINS 服务"单选按钮，如图 9-5 所示。

（6）单击"下一步"按钮，弹出"添加或编辑 DHCP 作用域"对话框，如图 9-6 所示。

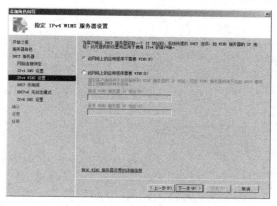
图 9-5　指定 IPv4 WINS 服务器

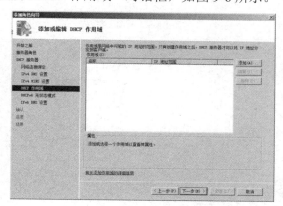
图 9-6　添加或编辑 DHCP 作用域

（7）单击"添加"按钮，弹出"添加作用域"对话框，设置作用域的名称、起始和结束 IP 地址、子网掩码、默认网关等，如图 9-7 所示。

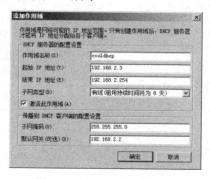
图 9-7　设置 DHCP 作用域

（8）单击"确定"按钮，一个作用域添加成功。单击"下一步"按钮，弹出"配置 DHCPv6 无状态模式"对话框，选中"对此服务器禁用 DHCPv6 无状态模式"单选按钮，如图 9-8 所示。

（9）单击"下一步"按钮，弹出"确认安装选择"对话框，如图 9-9 所示。

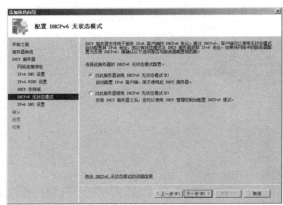

图 9-8　配置 DHCPv6 无状态模式

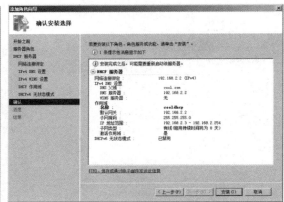

图 9-9　确认安装选择

（10）单击"安装"按钮，安装角色，如图 9-10 所示。

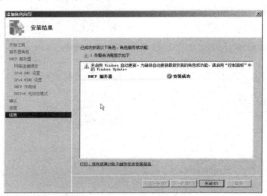

图 9-10　安装结果

2．配置作用域

（1）打开 DHCP 管理器，展开左侧窗格中的节点，右击"IPv4"选项，在弹出的快捷菜单中选择"新建作用域"命令，如图 9-11 所示。

（2）单击"下一步"按钮，在"作用域名称"对话框中输入作用域的名称，单击"下一步"按钮，如图 9-12 所示。

（3）在"IP 地址范围"对话框中输入起始 IP 地址和结束地址，单击"下一步"按钮，如图 9-13 所示。

图 9-11　新建作用域

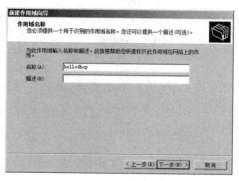

图 9-12　作用域名称

图 9-13　设置 IP 地址范围

（4）在"添加排除和延迟"对话框中，输入需要排除的地址范围，然后单击"添加"按钮，如图 9-14 所示。

（5）单击"下一步"按钮，在"租用期限"对话框中指定 IP 地址的租期，如图 9-15 所示。

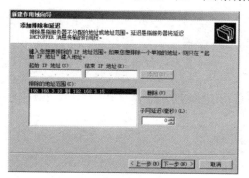

图 9-14　添加排除范围

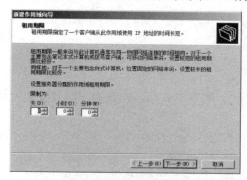

图 9-15　设置租用时期

（6）单击"下一步"按钮，在"配置 DHCP 选项"对话框中选中"否，我想稍候配置这些选项"单选按钮，如图 9-16 所示。

（7）单击"下一步"按钮，在 DHCP 服务器左侧窗格中选择新建的作用域，右击作用域，在弹出的快捷菜单中选择"激活"命令，如图 9-17 所示。

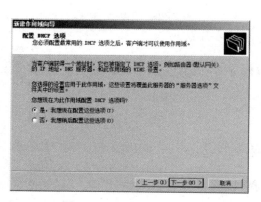

图 9-16　配置 DHCP 选项

图 9-17　激活作用域

121

任务 2　配置 DHCP 客户机

（1）在客户端计算机的"Internet 协议版本 4（TCP/IPv4）属性"对话框中，选中"自动获得 IP 地址"和"自动获得 DNS 服务器地址"单选按钮，如图 9-18 所示。

图 9-18　IP 地址设置

（2）配置完成后，检查客户端计算机是否能够获得 IP 地址。选择"开始"/"命令提示符"命令，如图 9-19 所示。

（3）在"命令提示符"窗口中，输入"ipconfig"命令，显示已经自动获取到相应的 IP 地址，如图 9-20 所示。

图 9-19　应用命令提示符

图 9-20　获得 IP 地址

任务 3　维护 DHCP 服务器

1．备份 DHCP 数据库

（1）打开 DHCP 管理控制台，在左侧窗格中右击服务器名称，在弹出的快捷菜单中选择"备份"命令，如图 9-21 所示。

（2）在"浏览文件夹"对话框中，选择备份文件的路径，单击"确定"按钮，完成备份，如图 9-22 所示。

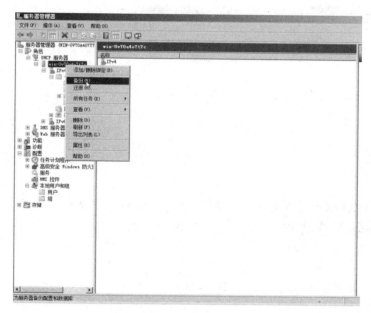

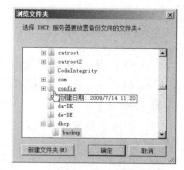

图 9-21　备份 DHCP 数据库　　　　　图 9-22　选择备份文件的路径

2．还原 DHCP 数据库

（1）在目标服务器上打开 DHCP 控制台，右击服务器，在弹出的快捷菜单中选择"还原"命令，如图 9-23 所示。

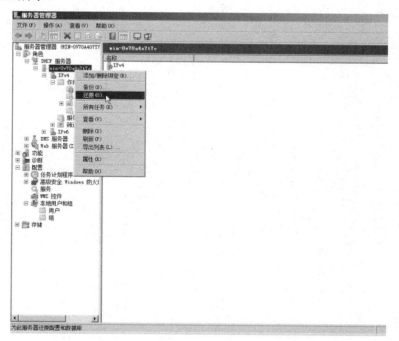

图 9-23　还原 DHCP

（2）在"浏览文件夹"对话框中，选择备份文件夹，单击"确定"按钮，系统提示必须停止和重启服务，单击"是"按钮，如图 9-24 所示。

图 9-24　重启服务

实训题

ZJZZ 公司在局域网内使用 DHCP 服务器为计算机提供 IP 地址，规划 DHCP 服务器的地址为 192.168.1.4，分配的 DHCP 地址范围为 192.168.1.5～192.168.1.200。

【需求描述】

添加 DHCP 服务器角色；

创建和配置 DHCP 作用域，使客户机向服务器请求 IP 地址。

项目 10

配置和管理远程访问服务

HXZ 公司规模不断扩大，有些员工经常出差，并且在出差期间需要访问位于公司内部的服务器上的数据。因此，需要安装远程访问服务，确保访问的安全性。

项目目标

◇ 理解远程访问服务概念；
◇ 会配置远程访问服务器；
◇ 会配置客户端的连接。

知识准备

1．远程访问连接

远程访问服务是指客户机通过拨号连接或虚拟专用连接登录网络，远程客户机连接成功后，就可以访问网络资源，如同客户机直接连接在局域网内一样，远程客户与远程服务器之间使用虚拟专用网络连接。

2．虚拟专用网

虚拟专用网（VPN）的主要作用就是利用公用网络（主要是互联网）将多个私有网络或网络结点连接起来，通过公用网络进行连接可以大大降低通信的成本。

一般来说两台连接在互联网内的计算机只要知道对方的 IP 地址，就可以直接通信。不过位于不同网络的计算机联网之后是不能直接互连的，原因是这些私有的网络和公用网络使用了不同的地址空间或协议，即私有网络和公用网络之间是不兼容的。VPN 的原理就是在属于不同网络的计算机之间建立一个条专用通道。两个私有网络计算机之间的通信内容经过这两台计算机或设备打包通过公用网络的专用通道进行传输，然后在对端解包，还原成私有网络的通信内容转发到私有网络中。这样对于两个私有网络的计算机来说公用网络就像普通的通信电缆，而接在公用网络上的两台计算机或设备则相当于两个特殊的线路接头。

3．VPN 使用的隧道协议

通过隧道可以将来自一种协议类型的数据包封装在其他协议的数据报内。VPN 使用两种隧道协议：点到点隧道协议（PPTP）和第二层隧道协议（L2TP）。

PPTP：PPTP 是 PPP 的扩展，它增加了一个新的安全等级，并且可以通过 Internet 进行多协议通信，它支持通过公共网络（如 Internet）建立按需的、多协议的、虚拟专用网络。PPTP 可以建立隧道或将 IP、IPX 或 NetBEUI 协议封装在 PPP 数据包内，因此允许用户远程运行依赖特定网络协议的应用程序。PPTP 在基于 TCP/IP 协议的数据网络上创建 VPN 连接，实现从远程计算机到专用服务器的安全数据传输。VPN 服务器执行所有的安全检查和验证，并启用数据加密，使得在不安全的网络上发送信息更加安全。尤其是使用 EAP 后，通过启用 PPTP 的 VPN 传输数据就像在企业的局域网内那样安全。另外，还可以使用 PPTP 建立专用 LAN 到 LAN 的网络。

L2TP：L2TP 是一个工业标准的 Internet 隧道协议，它和 PPTP 的功能大致相同。L2TP 也会压缩 PPP 的帧，从而压缩 IP、IPX 或 NetBEUI 协议，同样允许用户远程运行依赖特定网络协议的应用程序。与 PPTP 不同的是，L2TP 使用新的网际协议安全（IPSec）机制来进行身份验证和数据加密。目前 L2TP 只支持通过 IP 网络建立隧道，不支持通过 X.25、帧中继或 ATM 网络的本地隧道。

4．VPN 使用的身份验证方法

CHAP：CHAP 通过使用 MD5（一种工业标准的散列方案）来协商一种加密身份验证的安全形式。CHAP 在响应时使用质询—响应机制和单向 MD5 散列。使用这种方法，可以向服务器证明客户机知道密码，但不必实际地将密码发送到网络上。

MS-CHAP：同 CHAP 相似，Microsoft 公司开发 MS-CHAP 是为了对远程 Windows 工作站进行身份验证，它在响应时使用质询—响应机制和单向加密。而且 MS-CHAP 不要求使用原文或可逆加密密码。

MS-CHAPv2：MS-CHAPv2 是 Microsoft 开发的第二版的质询握手身份验证协议，它提供了相互身份验证和更强大的初始数据密钥，而且发送和接收分别使用不同的密钥。如果将 VPN 连接配置为用 MS-CHAPv2 作为唯一的身份验证方法，那么客户端和服务器端都要证明其身份；如果所连接的服务器不提供对自己身份的验证，则连接将被断开。

EAP：EAP 的开发是为了适应对使用其他安全设备的远程访问用户进行身份验证的日益增长的需求。通过使用 EAP，可以增加对许多身份验证方案的支持，包括令牌卡、一次性密码、使用智能卡的公钥身份验证、证书及其他身份验证。对于 VPN 来说，使用 EAP 可以防止暴力或词典攻击及密码猜测，提供比其他身份验证方法（如 CHAP）更高的安全性。

项目设计及准备

1．项目设计

在已经安装好 Windows Server 2008 R2 Enterprise Edition 网络操作系统的服务器上安装 VPN 服务器，添加第二块网卡，设置内网地址为 192.168.2.2，外网地址为 200.100.1.1；VPN 客户机的 IP 地址为 200.100.1.2；通过远程服务，客户机能够访问局域网内 192.168.2.111 机器的资源；设置访问策略，建立两个用户王永和李明，建立一个销售组，将王永添加到销售组中，允许销售组的成员使用远程服务，允许在所有时间使用远程服务，非销售组的成员不能使用远程服务。

2．项目准备

为了完成该项目，需要具备如下实施条件。

（1）VMware Workstation 10 虚拟机软件安装完毕。

（2）在虚拟环境下，Windows Server 2008 R2 Enterprise Edition 网络操作系统安装完毕。

（3）在虚拟环境下，Windows 8 操作系统已经安装完毕。

（4）在 Windows Server 2008 R2 虚拟机中添加第二块网卡。

项目实施

任务 1　配置远程访问服务

1．建立远程访问服务器

（1）打开虚拟机，单击"编辑虚拟机设置"链接，在"虚拟机设置"对话框中添加第二块网卡，用于连接 Internet，如图 10-1 所示。

图 10-1　添加第二块网卡

（2）打开服务器，设置第二块网卡的 IP 参数，如图 10-2 所示。

（3）弹出"服务器管理器"窗口，单击"角色"窗口中的"添加角色"链接，弹出"添加角色向导"对话框，单击"下一步"按钮，勾选"网络策略和访问服务"复选框，如图 10-3 所示。

图 10-2　设置外网 IP 参数

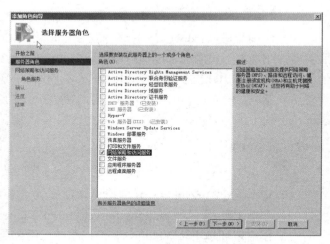

图 10-3　添加访问策略和访问服务

（4）单击"下一步"按钮，进入确认添加服务的界面，如图 10-4 所示。

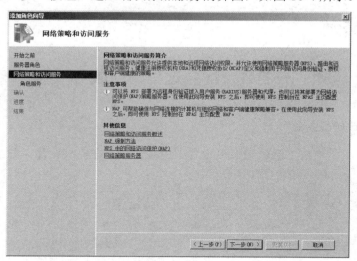

图 10-4　确认添加服务

（5）单击"下一步"按钮，在"选择角色服务"界面中，勾选"路由和远程访问服务"复选框，如图 10-5 所示。

（6）单击"下一步"按钮，进入"确认安装"界面，如图 10-6 所示。

（7）单击"安装"按钮，开始安装，如图 10-7 所示。

2．激活路由和远程访问服务

（1）在"服务器管理器"窗口中，选择"路由和远程访问"选项，右击服务器名称，在弹出的快捷菜单中选择"配置并启用路由和远程访问"命令，如图 10-8 所示。

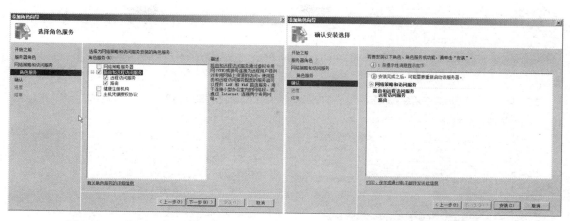

图 10-5　添加路由和访问服务　　　　　　　图 10-6　确认安装选择

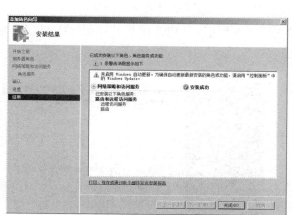

图 10-7　完成安装

图 10-8　配置路由和远程访问

（2）单击"下一步"按钮，选中"远程访问（拨号或 VPN）"单选按钮，如图 10-9 所示。

（3）单击"下一步"按钮，在"远程访问"界面中勾选"VPN"复选框，如图 10-10 所示。

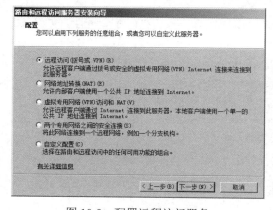

图 10-9　配置远程访问服务

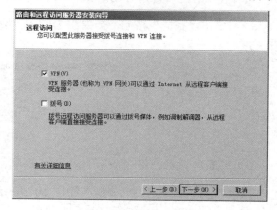

图 10-10　选择 VPN 连接

129

（4）单击"下一步"按钮，在"IP 地址分配"界面中选择"来自一个指定的地址范围"选项，选择连接外网的网卡，如图 10-11 所示。

（5）单击"下一步"按钮，在"地址分配"界面中选中"自动"单选按钮，如图 10-12 所示。

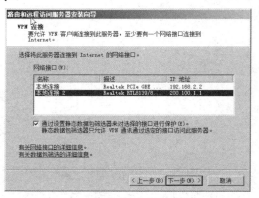

图 10-11　选择外网连接　　　　　　　图 10-12　地址分配

（6）在"管理多个远程访问服务器"界面中，选中"否，使用路由和远程访问来对连接请求进行身份验证"单选按钮，如图 10-13 所示。

（7）单击"下一步"按钮，完成安装，如图 10-14 所示。

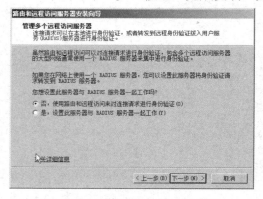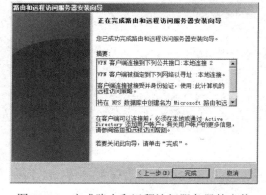

图 10-13　不使用 RADIUS 服务器　　　图 10-14　完成路由和远程访问服务器的安装

（8）单击"完成"按钮，会弹出 DHCP 中继服务提示信息，单击"确定"按钮，如图 10-15 所示。

图 10-15　DHCP 中继服务提示信息

3．配置客户机网络连接

（1）设置客户端的 IP 参数，如图 10-16 所示。

（2）打开客户端，在桌面上右击"网络"图标，在弹出的快捷菜单中选择"属性"命令，弹出"网络和共享中心"窗口，如图 10-17 所示。

图 10-16 客户端 IP 参数设置

图 10-17 网络和共享中心

（3）单击"设置新的连接或网络"链接，弹出"设置连接或网络"对话框，如图 10-18 所示。

（4）选择"连接到工作区"选项，单击"下一步"按钮，弹出"连接到工作区"对话框，如图 10-19 所示。

图 10-18 设置连接或网络

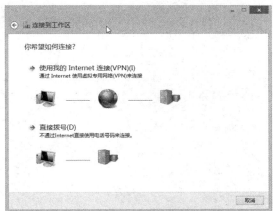

图 10-19 连接到工作区

（5）选择"使用我的 Internet 连接（VPN）"选项，单击"下一步"按钮，进入"连接之前"界面，如图 10-20 所示。

图 10-20 连接到 Internet

（6）选择连接宽带的名称，单击"下一步"按钮，进入"键入要连接的 Internet 地址"界面，如图 10-21 所示。

（7）输入要连接的服务器的 IP 地址"200.100.1.1"，目标名称为"VPN 连接"，如图 10-22 所示。

图 10-21　键入要连接的 Internet 地址　　　　图 10-22　设置服务器 IP 地址和名称

（8）单击"创建"按钮，完成后在网络连接中会多出一个 VPN 连接图标，如图 10-23 所示。

图 10-23　创建 VPN 连接

（9）右击网络连接中的"VPN 连接"图标，在弹出的快捷菜单中选择"属性"命令，弹出"VPN 连接属性"对话框，如图 10-24 所示。

（10）选择"安全"标签，在"身份验证"选项组中选中"允许使用这些协议"单选按钮，如图 10-25 所示。

（11）在服务器端弹出"服务器管理器"窗口，选择左侧窗格中的"配置"/"本地用户和组"/"用户"选项，如图 10-26 所示。

（12）右击 Administrator 用户，在弹出的快捷菜单中选择"属性"命令，弹出"Administrator

属性"对话框，如图 10-27 所示。

图 10-24　VPN 连接属性

图 10-25　设置身份验证

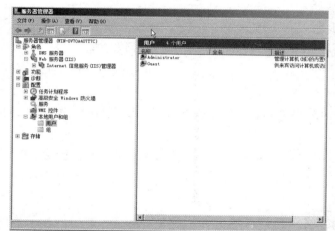

图 10-26　选择本地用户

图 10-27　"Administrator 属性"对话框

（13）选择"拨入"标签，设置"网络访问权限"为"允许访问"，如图 10-28 所示。

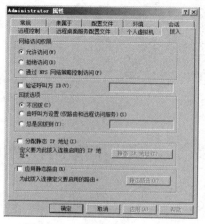

图 10-28　设置用户访问权限

（14）打开客户端，双击"网络连接"中的虚拟专用网连接图标，选择"VPN连接"选项，如图10-29所示。

（15）在远程连接登录对话框中，输入有远程访问权限的用户名和密码，如图10-30所示。

（16）单击"确定"按钮，经过身份验证后即可连接到VPN服务器。在"网络连接"对话框中可以看到"VPN"的状态是已连接，如图10-31所示。

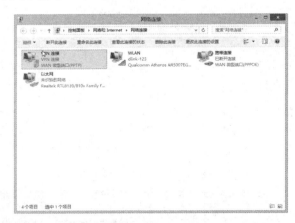

图10-29　连接VPN　　　图10-30　用户名和密码　　　　　图10-31　网络连接

（17）打开客户端，进入命令提示符状态，输入命令"ipconfig /all"，查看IP地址，可以看到VPN连接获取的内部地址，如图10-32所示。

（18）在客户端的地址栏中输入"\\192.168.2.111"，然后按Enter键，可以访问内部局域网共享文件夹，如图10-33所示。

图10-32　获取IP地址　　　　　　　　　　图10-33　访问内部局域网

任务2　使用访问策略控制访问

1．新建远程访问策略

（1）在服务器上新建用户王永和李明，如图10-34所示。

（2）新建销售部组，将王永添加到销售部组中，如图 10-35 所示。

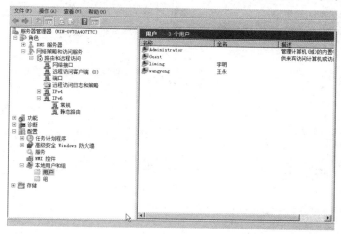

图 10-34　新建用户

图 10-35　销售部组成员

（3）在"路由和远程访问"窗口中，右击"远程访问日志和策略"选项，在弹出的快捷菜单中选择"启动 NPS"命令，如图 10-36 所示。

图 10-36　新建远程访问策略

（4）单击"下一步"按钮，在弹出的"网络策略服务器"窗口中，单击左侧窗格中的"网络策略"选项，如图 10-37 所示。

（5）右击左侧窗格中的"网络策略"选项，在弹出的快捷菜单中选择"新建"命令，如图 10-38 所示。

（6）在"指定网络策略名称和连接类型"界面中为新策略设置一个名称，在"网络访问服务器的类型"下拉列表中选择"Remote Access Server(VPN-Dial up)"选项，如图 10-39 所示。

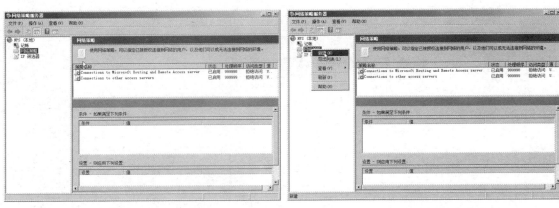

| 图 10-37 "网络策略服务器"窗口 | 图 10-38 新建网络策略 |

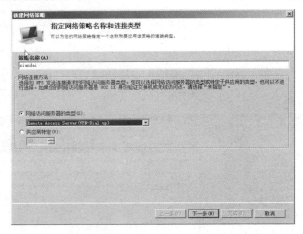

图 10-39 指定网络策略名称和连接类型

2．配置指定用户访问

（1）单击"下一步"按钮，在"指定条件"对话框中单击"添加"按钮，弹出"选择条件"对话框，如图 10-40 所示。

（2）选择"用户组"选项，单击"添加"按钮，弹出"用户组"对话框，如图 10-41 所示。

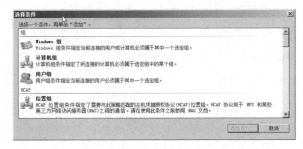

| 图 10-40 选择条件 | 图 10-41 指定用户组 |

（3）单击"添加组"按钮，将销售部组添加进来，单击"确定"按钮完成添加，如图 10-42 所示。

（4）单击"确定"按钮，返回"指定条件"对话框，在此对话框中单击"添加"按钮，弹出"选择条件"对话框，选择"NAS 端口类型"选项，单击"添加"按钮，如图 10-43 所示。

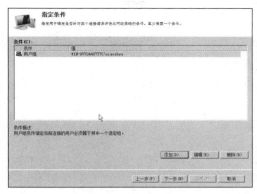

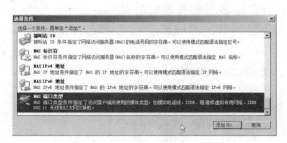

图 10-42 添加销售组   图 10-43 选择条件

（5）在"NAS 端口类型"对话框中勾选"Virtual(VPN)"复选框，如图 10-44 所示。

（6）单击"确定"按钮，返回"指定条件"对话框，单击"下一步"按钮。在"指定访问权限"界面中，选中"已授予访问权限"单选按钮，如图 10-45 所示。

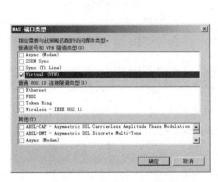

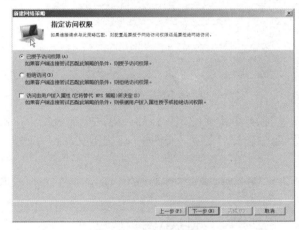

图 10-44 指定 NAS 类型   图 10-45 指定访问权限

（7）单击"下一步"按钮，在"配置身份验证方法"界面中使用默认选择，如图 10-46 所示。

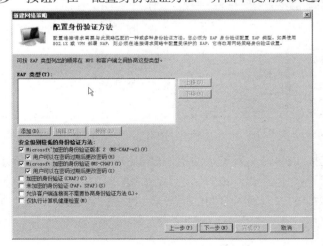

图 10-46 配置身份验证方法

3．配置访问日期和时间

（1）单击"下一步"按钮，在"配置约束"界面中选择"日期和时间限制"选项，勾选"仅允许在这些日期和时间访问"复选框，如图 10-47 所示。

（2）单击"编辑"按钮，选择允许访问的时间，弹出"日期和时间限制"对话框，如图 10-48 所示。

图 10-47　配置时间和日期

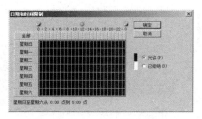

图 10-48　设置访问时间

（3）单击"确定"按钮，返回"配置约束"对话框，单击"下一步"按钮，在"配置设置"界面中选择"加密"选项，确认所有加密方法复选框都勾选，如图 10-49 所示。

（4）单击"下一步"按钮，单击"完成"按钮，完成策略设置，如图 10-50 所示。

图 10-49　加密配置

图 10-50　完成策略设置

（5）在客户端连接 VPN，输入王永的用户名和密码，如图 10-51 所示。

（6）单击"确定"按钮，显示 VPN 连接成功，如图 10-52 所示。

（7）在客户端连接 VPN，输入李明的用户名和密码，单击"确定"按钮，显示连接失败，如图 10-53 所示。

图 10-51 输入用户名和密码

图 10-52 VPN 连接成功

图 10-53 连接失败

 实训题

　　ZJZZ 公司出差员工需要访问公司局域网中文件服务器上的共享文件夹 Web。文件服务器内网地址为 192.168.1.6，外网地址为 200.10.1.1。现配置 VPN 服务，使出差员工可以使用 VPN 连接到公司局域网，能够访问共享文件夹。

　　【需求描述】

　　安装路由和远程访问服务；

　　配置访问策略；

　　外网的员工能够访问局域网共享文件夹。

项目 11

配置和管理 PKI 与证书服务

HXZ 公司业务不断扩大，如何提高公司的 Web 网站系统安全性能，成为现阶段面临的主要问题，现需要合理配置证书服务，从而保障公司的 Web 网站系统安全。

项目目标

◇ 理解什么是 PKI；
◇ 了解公钥加密技术；
◇ 了解证书及颁发机构；
◇ 掌握安装和配置证书服务。

知识准备

1．PKI

1）PKI 概念

PKI（Public Key Infrastructure，公钥基础结构）是一种遵循既定标准的密钥管理平台，它能够为所有网络应用提供加密和数字签名等密码服务及所必需的密钥和证书管理体系，简单来说，PKI 就是利用公钥理论和技术建立的提供安全服务的基础设施。

2）PKI 的组成

PKI 由公钥加密技术、数字证书、证书颁发机构（CA）、注册机构（RA）等共同组成。其中，数字证书用于用户的身份验证，CA 是一个可信任的实体，负责发布、更新和吊销证书，RA 接受用户的请求等。

3）PKI 的功能

PKI 的主要功能是通过签发数字证书来绑定证书持有者的身份和相关的公开密钥，为用户获取证书、访问证书和吊销证书提供途径，利用数字证书及相关的各种服务（证书发布、黑名单发布等）实现通信过程中各实体的身份认证，保证了通信数据的完整性和不可否认性。

2．公钥加密技术

计算机加密技术主要分为两大类："对称式"和"非对称式"。

1）对称式加密技术

对称式加密就是加密和解密使用同一个密钥，通常称之为"Session Key"。这种加密技术目前被广泛采用，如美国政府所采用的 DES 加密标准就是一种典型的"对称式"加密技术。

2）非对称式加密技术

非对称式加密算法就是加密和解密所使用的不是同一个密钥，通常有两个密钥，称为"公钥"和"私钥"，两个必须配对使用，缺一不可。

"公钥"已经对外公布，"私钥"由持有人一个人秘密保存。因为使用对称式的加密方法如果在网络上传输加密文件，则很难把密钥告诉对方，不管用什么方法都有可能被窃听到。而非对称式的加密方法有两个密钥，且其中的"公钥"是可以公开的，不怕别人知道，收件人解密时只要用自己的私钥就可以，这样很好地避免了密钥的传输安全性问题。

3．PKI 协议

基于 PKI 技术，目前世界上已经出现了许多依赖于 PKI 的安全标准，如安全套接层协议（SSL）、传输层安全协议（TLS）、IP 层协议安全结构（IPSec）、安全电子交易协议（SET）等。其中，最著名、应用范围最广的是 SSL 和 SET。

1）SSL

SSL（Secure Sockets Layer，安全套接层协议）是为网络通信提供安全及数据完整性的一种安全协议，在传输层对网络连接进行加密。

SSL 分为两层：SSL 记录协议（SSL Record Protocol），它建立在可靠的传输协议（如 TCP）之上，为高层协议提供数据封装、压缩、加密等基本功能的支持；SSL 握手协议（SSL Handshake Protocol），它建立在 SSL 记录协议之上，用于在实际的数据传输开始前，通信双方进行身份验证、协商加密算法、交换加密密钥等。

2）TLS

TLS（Transport Layer Security，传输层安全协议）用于在两个通信应用程序之间提供保密性和数据完整性。与 SSL 一样，它在传输层对网络连接进行加密。

TLS 由两层组成：TLS 记录协议（TLS Record）和 TLS 握手协议（TLS Handshake）。较低的层为 TLS 记录协议，位于某个可靠的传输协议（如 TCP）之上，与具体的应用无关，所以，一般把 TLS 归为传输层安全协议。

3）IPSec

IPSec（Internet Protocol Security）是 IP 层协议安全结构，通过以 IP Packet 为单位对信息进行暗号化的方式，来对传输途中的信息包进行加密或者防止遭到篡改，是保护 IP 安全通信的标准，它主要对 IP 分组进行加密和验证。

IPSec 作为一个协议簇（即一系列相互关联的协议），由以下部分组成。

（1）保护分组流的协议。

（2）用来建立这些安全分组流的密钥交换协议。

前者又分成两个部分：加密分组流的封装安全载荷（ESP）及较少使用的认证头（AH），认证头提供了对分组流的认证并保证其消息完整性，但不提供保密性。目前为止，IKE（Internet 密钥交换协议）是唯一已经制定的密钥交换协议。

4）SET

SET（Secure Electronic Transaction，安全电子交易协议）是在美国 VISA 和 MasterCard 两大信用卡组织的联合下，于 1997 年 5 月 31 日推出的用于电子商务的行业规范，其实质是一种应用在 Internet 上、以信用卡为基础的电子付款系统规范，目的是保证网络交易的安全。SET 妥善地解决了信用卡在电子商务交易中的交易协议、信息保密、资料完整以及身份验证等问题。SET 已获得 IETF 标准的认可，是电子商务的发展方向。

4．证书及颁发机构

1）证书

公钥证书通常简称为证书，是一种数字签名的声明，它将公钥的值绑定到持有对应私钥的个人、设备或服务的身份。大多数普通用途的证书基于 X.509v3 证书标准。我们可以为各种功能颁发证书，如 Web 用户身份验证、Web 服务器身份验证、安全电子邮件、IPSec、TLS 以及代码签名等。

2）证书颁发机构

证书颁发机构是 PKI 的核心。CA 是负责签发证书、认证证书、管理已颁发证书的机关。它要制定政策和具体步骤来验证、识别用户身份，并对用户证书进行签名，以确保证书持有者的身份和公钥的拥有权。

项目设计及准备

1．项目设计

HXZ 公司发展规模不断扩大，公司业务的种类越来越多，作为公司网络管理员，如何让公司的网络通信安全得到安全的保护是其工作任务，在这里首先安装证书服务，然后使用 SSL 对 Web 站点进行安全的 https 访问。

1）安装证书服务

在 Windows Server 2008 R2 中安装企业电子证书服务。

2）证书服务的使用

在 Windows Server 2008 R2 中安装证书服务后，将启用 Web 站点的 SSL 验证，在客户端计算机上申请发放电子证书。

2．项目准备

在安装使用证书服务前，服务器环境需要搭建好，条件如下。

（1）安装 Windows Server 2008 R2，配置相关基础环境，如服务器名称、网络参数等。

（2）创建域，域名为 hxz.com。

（3）创建 DNS 服务器。

（4）安装 IIS，将 Web 站点启动。

（5）客户机操作系统安装完毕，且将客户机添加到域中。

 项目实施

任务 1　安装证书服务

（1）选择"开始"/"管理工具"/"服务器管理器"命令，弹出"服务器管理器"窗口，然后单击"添加角色"链接，如图 11-1 所示。

（2）弹出"添加角色向导"对话框，单击"下一步"按钮，如图 11-2 所示。

图 11-1　"服务器管理器"窗口

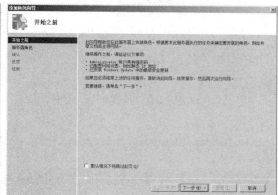

图 11-2　"添加角色向导"对话框

（3）在"选择服务器角色"界面中勾选"Active Directory 证书服务"复选框，然后单击"下一步"按钮，如图 11-3 所示。

（4）在"Active Directory 证书服务简介"界面中，单击"下一步"按钮，如图 11-4 所示。

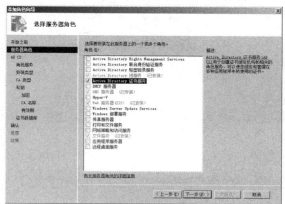

图 11-3　选择服务器角色

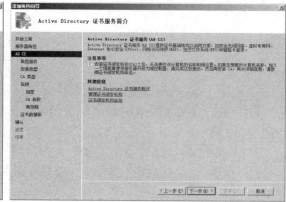

图 11-4　AD 证书服务简介

143

（5）在"选择角色服务"界面中，为证书服务安装角色服务（根据实际需求来选择角色的安装），然后单击"下一步"按钮，如图 11-5 所示。

（6）在"指定安装类型"界面中，选中"企业"单选按钮，然后单击"下一步"按钮，如图 11-6 所示。

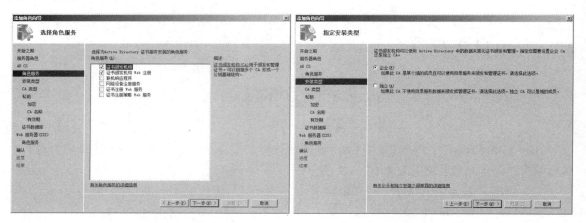

图 11-5　选择角色服务　　　　　　　　　　　　图 11-6　指定安装类型

（7）在"指定 CA 类型"界面中，选中"根 CA"单选按钮，然后单击"下一步"按钮，如图 11-7 所示。

（8）在"设置私匙"界面中，选中"新建私钥"单选按钮，单击"下一步"按钮，如图 11-8 所示。

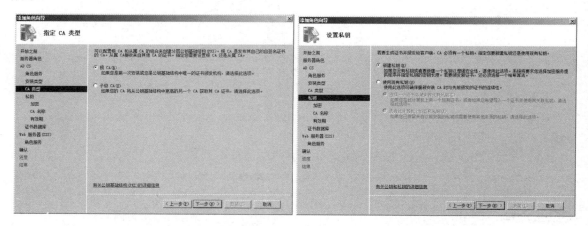

图 11-7　指定 CA 类型　　　　　　　　　　　　图 11-8　设置私钥

（9）在"为 CA 配置加密"界面中，选择加密的类型和密码长度，如图 11-9 所示。

（10）选择为 CA 颁发的签名证书的哈希算法，这里选择 SHAI 算法，单击"下一步"按钮，如图 11-10 所示。

（11）在"配置 CA 名称"界面中，选择默认配置，单击"下一步"按钮，如图 11-11 所示。

（12）在"设置有效期"界面中，设置证书服务的有效期，单击"下一步"按钮，如图 11-12 所示。

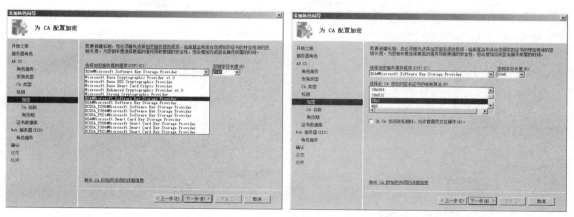

图 11-9 为 CA 配置加密　　　　　　　　　　　图 11-10 选择 CA 算法

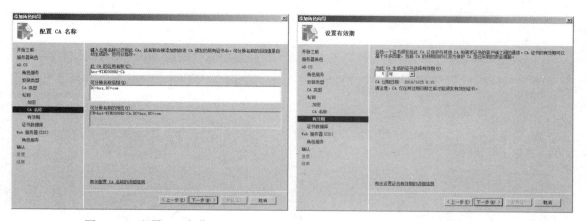

图 11-11 配置 CA 名称　　　　　　　　　　　图 11-12 设置有效期

（13）在"配置证书数据库"界面中，选择默认的存放位置，单击"下一步"按钮，如图 11-13 所示。

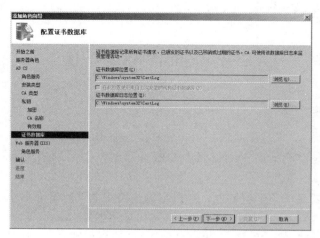

图 11-13 配置证书数据库

（14）在"确认安装选择"界面中，单击"安装"按钮，进行证书服务的安装，如图 11-14 所示。

（15）证书服务的安装过程如图 11-15 所示。

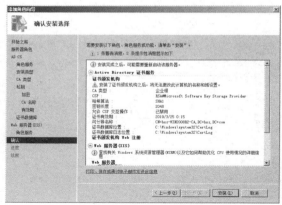

图 11-14 安装证书服务　　　　　　　　　　　图 11-15 证书安装过程

（16）证书服务安装完成后单击"关闭"按钮，如图 11-16 所示。

（17）在"服务管理器"窗口中，在"角色"中可显示安装的证书服务，如图 11-17 所示。

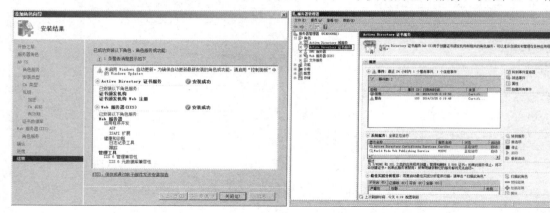

图 11-16 安装完成　　　　　　　　　　　　图 11-17 显示证书服务

任务 2　配置 SSL 证书

1. 申请服务器证书

（1）选择"开始"/"管理工具"/"Internet 信息服务管理器"命令，弹出"Internet 信息服务（IIS）管理器窗口，单击左侧窗格中的服务器名，然后双击"服务器证书"图标，如图 11-18 所示。

（2）进入"服务器证书"配置界面，单击右侧窗格中的"创建证书申请"链接，如图 11-19 所示。

（3）在"申请证书"对话框中，"通用名称"填写 DNS 域名，"组织"填写公司名称，"组织单位"填写 IT，"城市/地点"、"省/市/自治区"填写所在地的信息，"国家/地区"填写 CN（中国），然后单击"下一步"按钮，如图 11-20 所示。

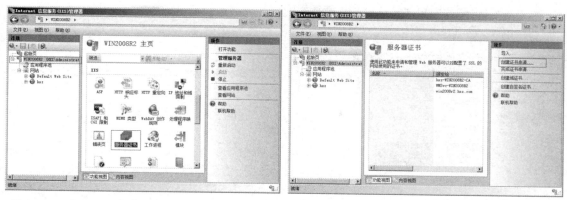

图 11-18 "Internet 信息服务（IIS）管理器"窗口   图 11-19 单击"创建证书申请"链接

（4）选择加密服务提供程序和位长，一般选择默认的配置，单击"下一步"按钮，如图 11-21 所示。

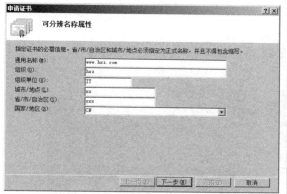

图 11-20 指定证书信息

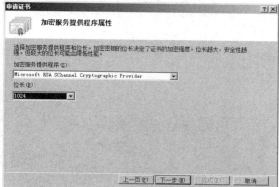

图 11-21 指定加密服务程序和位长

（5）单击图 11-22 所示的矩形框中的按钮，为申请的证书命名和选择存放位置。

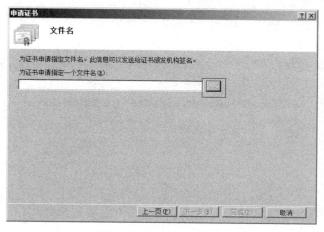

图 11-22 指定证书文件名

（6）选择桌面为存放位置，并将证书命名为 hxz-www，然后单击"打开"按钮，如图 11-23 所示。

（7）在"为证书申请指定一个文件名"文本框中显示文件存放的位置和名称，单击"完成"按钮，如图 11-24 所示。

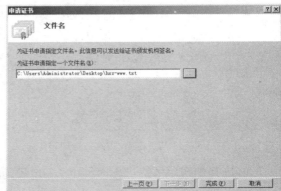

图 11-23　指定存放位置与名称　　　　　　　　　　　　　图 11-24　申请证书

（8）创建完成后，在桌面上生成一个名称为 hxz-www 的文本文档，如图 11-25 所示。

（9）双击打开 hxz-www 文本文档，如图 11-26 所示。

图 11-25　申请完成的证书　　　　　　　　　　　　　　图 11-26　证书内容

（10）打开 IE 浏览器，在地址栏中输入 http://本机 IP 地址/certsrv 并按 Enter 键，单击"申请证书"链接，如图 11-27 所示。

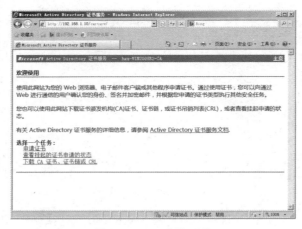

图 11-27　IE 申请证书

（11）进入"申请一个证书"界面，单击"高级证书申请"链接，如图 11-28 所示。

（12）在"高级证书申请"界面中，单击第二项内容的链接（图 11-29 所示矩形框中的内容）。

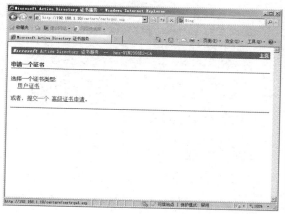

图 11-28　高级证书申请

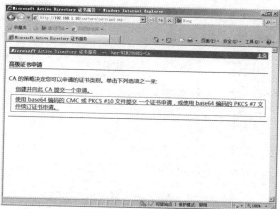

图 11-29　高级证书申请类别

（13）在"保存的申请"选项组中将已经申请的 hxz-www 内容复制粘贴到文本框中，"证书模板"选择"Web 服务器"选项，单击"提交"按钮，如图 11-30 所示。

（14）在"证书已颁发"界面中，单击"下载证书"链接，如图 11-31 所示。

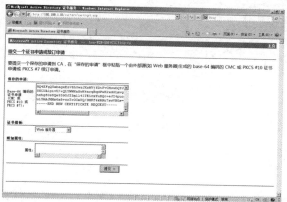

图 11-30　提交证书申请

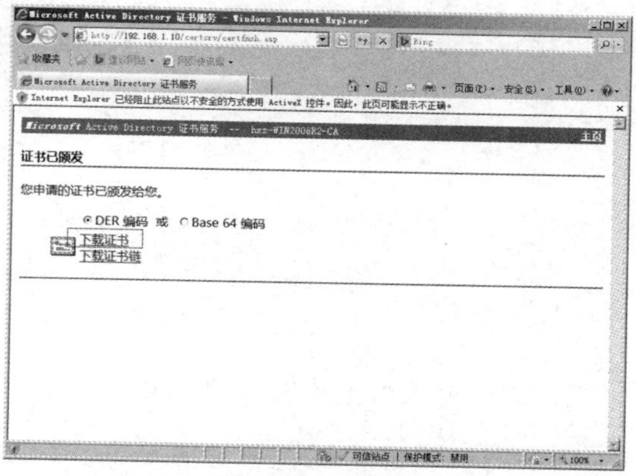

图 11-31　下载证书

（15）将下载的证书存放在桌面上，如图 11-32 所示。

图 11-32　保存证书

（16）打开"Internet 信息（IIS）管理器"窗口，进入"服务器证书"界面，单击右侧窗格中的"完成证书申请"链接，如图 11-33 所示。

（17）将存放在桌面上的 certnew 证书导入，为它取一个容易记忆的名称，单击"确定"按钮，如图 11-34 所示。

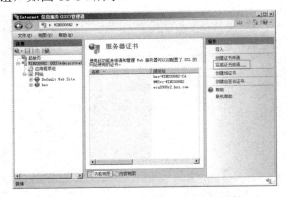

图 11-33　单击"完成证书申请"链接　　　　　　图 11-34　导入证书

（18）完成证书申请后，在"服务器证书"界面中显示导入的证书，如图 11-35 所示。

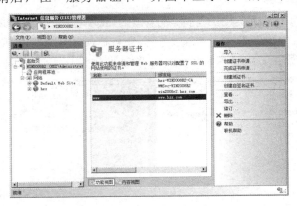

图 11-35　完成申请证书

2．Web 站点配置安全访问机制

（1）在"项目 7 配置和管理 Web 和 FTP 服务"中已经搭建好 Web 服务器，现在打开"Internet 信息服务（IIS）管理器"窗口，单击默认站点，然后单击右侧窗格中的"绑定"链接，如图 11-36 所示。

图 11-36　单击"绑定"链接

（2）弹出"网站绑定"对话框，单击"添加"按钮，在弹出的"添加网站绑定"对话框中，进行如下填写："类型"为 https，"IP 地址"为服务器 IP 地址，"端口"默认为 443，"SSL 证书"选择导入的证书，名称为"www"，单击"确定"按钮，如图 11-37 所示。

（3）将以前创建的 http 类型网站删除，如图 11-38 所示。

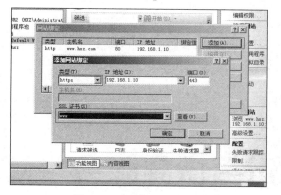

图 11-37 添加 https 绑定

图 11-38   删除 http 类型网站

（4）删除后只保留 https 类型网络，如图 11-39 所示。

（5）在客户端浏览器地址栏中输入"https://www.hxz.com"并按 Enter 键后，显示网站页面。至此，Web 站点安全访问机制设置完成，如图 11-40 所示。

图 11-39   删除完成

图 11-40   安全访问 Web 站点

实训题

ZJZZ 公司是一家网络系统集成公司，随着公司规模的扩大，简单服务机制已经无法满足公司的业务需求，现需要网络管理员对这些服务进行安全验证与保护。

【需求描述】

安装证书服务；

设置 Web 站点安全访问；

设置 FTP 站点安全访问；

设置邮件服务安全访问。

项目 12

配置和管理备份与恢复服务

项目描述

备份和恢复是许多服务器管理员熟悉的任务，作为 HXZ 公司的网络管理与维护人员，保护好本公司的服务器数据和应用程序非常重要。

项目目标

◇ 理解什么是备份；
◇ 理解什么是恢复；
◇ 掌握 Windows Server 2008 R2 备份工具的安装与使用。

知识准备

备份功能很早就是 Windows Server 的一部分了，在 Windows Server 2008 R2 中，备份任务由 Windows Server Backup 工具执行。Windows Server Backup 可以用来备份远程计算机，但是它最适合备份本地服务器。

Windows Server Backup 作为 Windows Server 2008 R2 中的 File Services 角色中的一个功能，由下面 3 个部分构成。

（1）Microsoft Management Console（MMC）管理单元。

（2）命令行工具（Wbadmin.exe）。

（3）Windows PowerShell cmdlet。

它可为日常备份和恢复需求提供完整的解决方案。可以使用 Windows Server Backup 备份整个服务器（所有卷）、选定卷、系统状态或者特定的文件或文件夹，并且可以创建用于进行裸机恢复的备份，可以恢复卷、文件夹、文件、某些应用程序和系统状态。此外，在发生诸如硬盘故障之类的灾难时，可以执行裸机恢复（若要执行此操作，则需要整个服务器的备份或者只需包含操作系统文件的卷的备份以及 Windows 恢复环境，这会将完整的系统还原到旧系统中或新的硬盘上）。可以使用 Windows Server Backup 创建和管理本地计算机或远程计算机的备份。同时，还可以计划自动运行备份。

Windows Server Backup 适用于需要基本备份解决方案的任何用户（从小型企业到大型企业），甚至适用于小型组织或非 IT 专业人士的个人。

在 Windows Server 2008 R2 中的 Windows Server Backup 工具相对于以前的版本增加了备份单个文件和文件夹的功能，以前的版本要求备份整个卷。Windows Server 2008 R2 中的 Windows Server Backup 包括下列改进。

（1）可备份内容更具灵活性：可以使用 Windows Server Backup 备份所选文件，而不是备份整个卷；还可以基于文件类型和路径排除文件。

（2）Windows Server Backup 将创建其行为类似于完整备份的增量备份：可以从单个备份恢复任何项目，但是该备份将仅占用增量备份所需的空间。此外，Windows Server Backup 无需用户干预便可定期删除较早的备份而为新备份释放磁盘空间，因为较早的备份会被自动删除。

（3）扩展了备份存储的选项：可以将使用计划备份创建的备份存储到远程共享文件夹或卷上（如果将备份存储到远程共享文件夹上，则将仅保留一个版本的备份）。同时，还可以将备份存储到虚拟硬盘上。

（4）改进了系统状态备份和恢复的选项：可以使用 Windows Server Backup 管理单元用户界面来创建可用于执行系统状态恢复的备份。此外，还可以使用单个备份将系统状态和其他数据备份到服务器上。这些系统状态备份的速度较快并且只需较少空间即可存储多个版本，因为这些备份使用卷影副本进行版本管理（类似于基于备份的卷），而不是对每个版本使用单个文件夹。

（5）扩展了命令行和 Windows PowerShell 支持：使用 Wbadmin 命令和文档，可以在命令窗口中执行与使用管理单元相同的任务，还可以通过脚本自动进行备份活动。

项目设计及准备

1．项目设计

HXZ 公司服务器一直没有配置服务器备份功能，因此公司的网络管理存在着巨大的安全隐患，作为公司的网络管理员，必须对公司的服务器进行定时备份及手动备份。

（1）安装 Windows Server Backup：在 Windows Server 2008 R2 中安装 Windows Server Backup 服务。

（2）使用 Windows Server Backup 进行数据的备份和恢复：在 Windows Server 2008 R2 中安装 Windows Server Backup 后，将服务器中的数据进行备份，并测试恢复。

2．项目准备

在安装 Windows Server Backup 前，需要安装 Windows Server 2008 R2，并配置相关基础环境，如服务器名称、网络参数等，硬盘最少要有 2 个分区，如 C、D 两个盘符。

项目实施

任务 1　备份数据

1．安装 Windows Server Backup 功能

（1）选择"开始"/"管理工具"/"服务器管理器"命令，弹出"服务器管理器"窗口，然后单击"添加功能"链接，如图 12-1 所示。

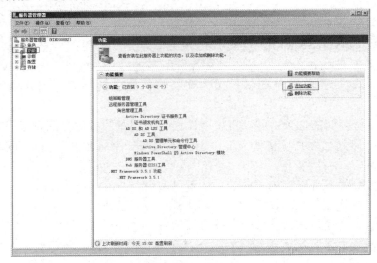

图 12-1　添加功能

（2）在"选择功能"界面中，勾选"Windows Server Backup 功能"复选框，单击"下一步"按钮，如图 12-2 所示。

（3）在"确认安装选择"界面中，单击"安装"按钮，如图 12-3 所示。

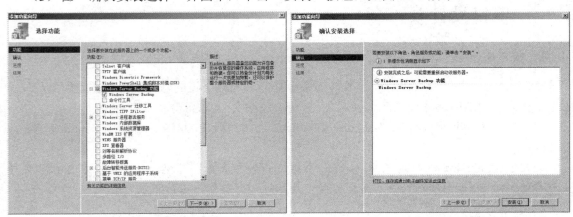

图 12-2　选择 Windows Server Backup 功能　　　　图 12-3　确认安装选择

（4）Windows Server Backup 功能安装进度如图 12-4 所示。

（5）安装完成后，单击"关闭"按钮，如图 12-5 所示。

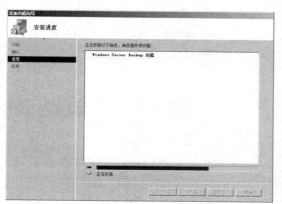

图 12-4 安装进度

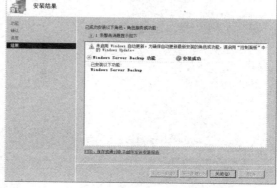

图 12-5 安装完成

2．配置一次性备份

（1）选择"开始"/"管理工具"/"Windows Server Backup"命令，弹出"Windows Server Backup"窗口，然后单击右侧窗格中的"一次性备份"链接，如图 12-6 所示。

（2）弹出"一次性备份向导"对话框，进入"备份选项"界面，选中"其他选项"单选按钮，单击"下一步"按钮，如图 12-7 所示。

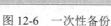

图 12-6 一次性备份

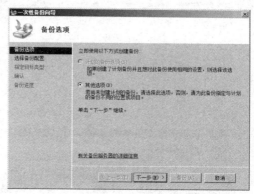

图 12-7 备份选项

（3）在"选择备份配置"界面中，选中"自定义"单选按钮，单击"下一步"按钮，如图 12-8 所示。

（4）在"选择要备份的项"界面中，单击"添加项"按钮，如图 12-9 所示。

（5）在 C 盘中创建名为 share 的文件夹，并在文件夹中创建名为 hxz 的文本文件，如图 12-10 所示。

（6）在"选择项"对话框中，勾选创建的"share"复选框，单击"确定"按钮，如图 12-11 所示。

（7）在"选择要备份的项"界面中，显示"C:\share"路径，单击"下一步"按钮，如图 12-12 所示。

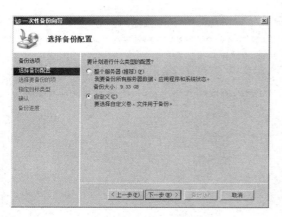

图 12-8　选择备份配置

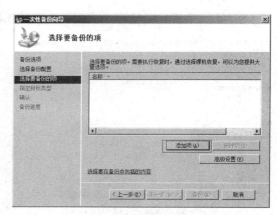

图 12-9　选择要备份的项

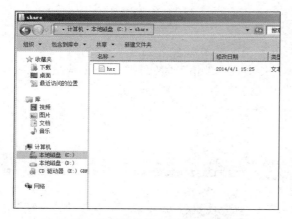

图 12-10　创建备份的文件夹和文本文件

图 12-11　选择备份文件夹

（8）在"指定目标类型"界面中，选中"本地驱动器"单选按钮，作为备份存储的位置，单击"下一步"按钮，如图 12-13 所示。

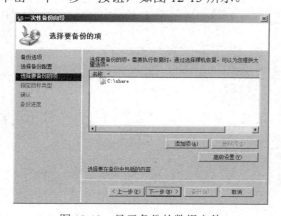

图 12-12　显示备份的数据文件

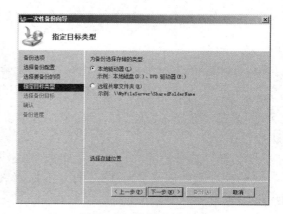

图 12-13　指定目标类型

（9）在"选择备份目标"界面中，将备份目标设置为"本地磁盘（D:）"，单击"下一步"按钮，如图 12-14 所示。

（10）在"确认"界面中，单击"备份"按钮开始备份，如图 12-15 所示。

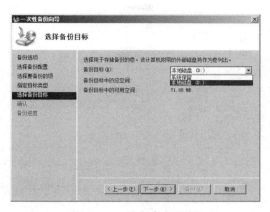

图 12-14 选择备份目标

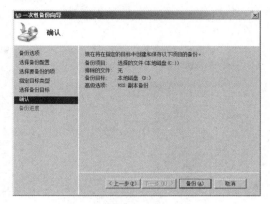

图 12-15 开始备份

（11）备份完成后，单击"关闭"按钮，如图 12-16 所示。

（12）在"Windows Server Backup"窗口中，一次备份的状态为成功，如图 12-17 所示。

图 12-16 备份完成

图 12-17 备份成功

3．配置备份计划

（1）在"Windows Server Backup"窗口中，单击右侧窗格中的"备份计划"链接，弹出"备份计划向导"对话框，单击"下一步"按钮，如图 12-18 所示。

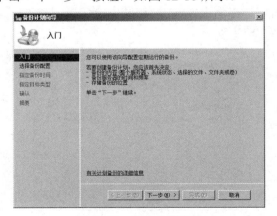

图 12-18 备份计划向导

（2）在"选择备份配置"界面中，选中"自定义"单选按钮，单击"下一步"按钮，如

图 12-19 所示。

（3）在"选择要备份的项"界面中，单击"添加项"按钮，如图 12-20 所示。

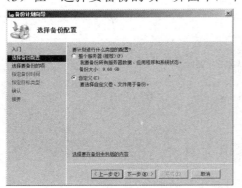
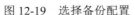

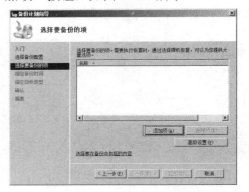

图 12-19 选择备份配置 　　　　　　　　　　　　　图 12-20 选择要备份的项

（4）在"选择项"对话框中，勾选要备份的"share"复选框，单击"确定"按钮，如图 12-21 所示。

（5）在"选择要备份的项"界面中，显示所有备份的文件，单击"下一步"按钮，如图 12-22 所示。

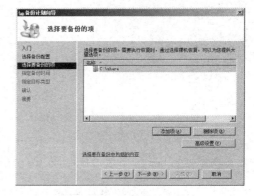

图 12-21 选择备份文件夹 　　　　　　　　　　　　图 12-22 显示备份文件夹

（6）在"指定备份时间"界面中，选中"每日一次"单击按钮，选择时间为"23:00"，单击"下一步"按钮，如图 12-23 所示。

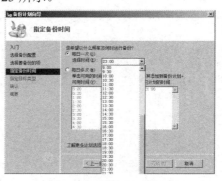

图 12-23 指定备份时间

（7）在"指定目标类型"界面中，选中"备份到卷"单选按钮，单击"下一步"按钮，如

图 12-24 所示。

（8）单击"添加"按钮，在弹出的"添加卷"对话框中，选择"本地磁盘（D：）"选项，单击"确定"按钮，然后单击"下一步"按钮，如图 12-25 所示。

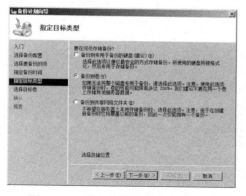

图 12-24 指定目标类型为备份到卷

图 12-25 选择备份磁盘

（9）在"确认"界面中，单击"完成"按钮，如图 12-26 所示。

（10）在"摘要"界面中，显示已成功创建备份计划，单击"关闭"按钮，如图 12-27 所示。

图 12-26 完成备份计划

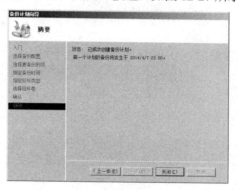

图 12-27 成功创建备份计划

4．手动备份"备份计划"

（1）在"Windows Server Backup"窗口中，单击右侧窗格中的"一次性备份"链接，弹出"一次性备份向导"对话框，选中"计划的备份选项"单选按钮，单击"下一步"按钮，如图 12-28 所示。

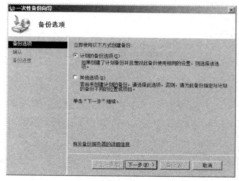

图 12-28 设置备份选项

网络服务器配置与管理（Windows Server 2008）

（2）在"确认"界面中，单击"备份"按钮，如图 12-29 所示。
（3）备份完成后，单击"关闭"按钮，如图 12-30 所示。

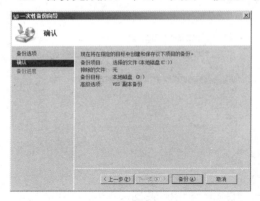
图 12-29　开始备份

图 12-30　备份完成后关闭向导

（4）在"备份的详细信息-本地磁盘（D:）"对话框中，显示 2 个备份数目，前一个是第一次做的一次性备份，后一个为计划备份，如图 12-31 所示。

图 12-31　备份信息

任务 2　还原数据

1．删除已备份的数据

打开 C 盘，将 share 文件夹删除，如图 12-32 所示。

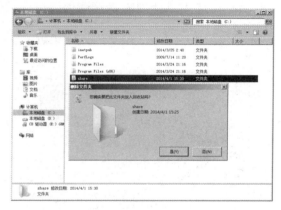
图 12-32　删除 share 文件夹

2．恢复删除的数据

（1）在"Windows Server Backup"窗口中，单击右侧窗格中的"恢复"链接，弹出"恢复向导"对话框，选中"此服务器"单选按钮，单击"下一步"按钮，如图 12-33 所示。

（2）在"选择备份日期"界面中，选择好备份的时间与日期，单击"下一步"按钮，如图 12-34 所示。

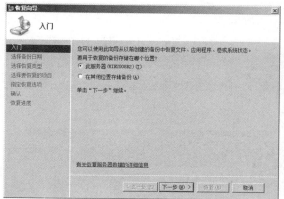

图 12-33　恢复向导

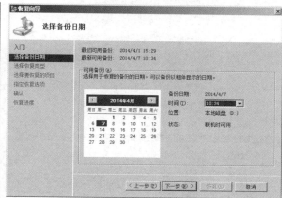

图 12-34　选择备份日期

（3）在"选择恢复类型"界面中，选中"文件和文件夹"单选按钮，单击"下一步"按钮，如图 12-35 所示。

（4）在"选择要恢复的项目"界面中，选择已经删除的 share 文件夹，单击"下一步"按钮，如图 12-36 所示。

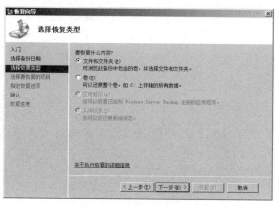

图 12-35　选择恢复类型

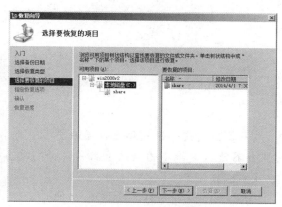

图 12-36　选择要恢复的项目

（5）在"指定恢复选项"界面中，做如图 12-37 所示的设置，单击"下一步"按钮。

（6）在"确认"界面中，单击"恢复"按钮，如图 12-38 所示。

（7）完成恢复后，单击"关闭"按钮，如图 12-39 所示。

（8）打开 C 盘，share 文件夹已经恢复，如图 12-40 所示。

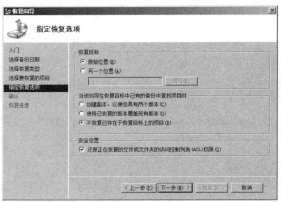

图 12-37　指定恢复选项

图 12-38　开始恢复

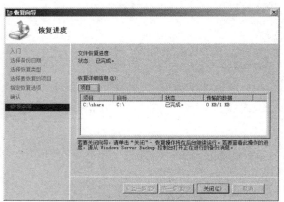

图 12-39　完成文件夹恢复

图 12-40　恢复文件夹成功

实训题

　　ZJZZ 公司是一家网络系统集成公司，为了保护公司服务器的数据，现在需要网络管理员对服务器进行定期备份与手动备份，并将其备份到移动磁盘中。

【需求描述】

安装 Windows Server Backup 功能；

设置备份计划；

配置一次性备份；

手动配置备份计划到移动磁盘。

项目 13

配置和管理虚拟化服务器

项目描述

HXZ 公司因业务需求，需要搭建一台新的服务器，但暂时没有资金用来采购新的服务器设备。作为公司的网络管理与维护人员，接到这个任务后该如何解决呢？

项目目标

◇ 理解服务器虚拟化服务；

◇ 了解虚拟化的发展和应用；

◇ 掌握 Windows Server 2008 R2 中 Hyper-V 的安装与使用。

知识准备

1. 虚拟化服务

1）虚拟化

虚拟化是一个抽象层，它将物理硬件与操作系统分开，从而提供更高的 IT 资源利用率和灵活性。虚拟化允许具有不同操作系统的多个虚拟机在同一物理机上独立并行运行。每个虚拟机都有自己的一套虚拟硬件（如 RAM、CPU、网卡等），可以在这些硬件中加载操作系统和应用程序。无论实际采用了什么物理硬件组件，操作系统都将它们视为一组一致、标准化的硬件。

2）虚拟化的好处

（1）分区。

① 在一个物理系统中可以支持多个应用程序和操作系统。

② 可在扩展或扩张体系结构中将服务器整合到虚拟机中。

③ 计算资源被视为以可控方式分配给虚拟机的统一池。

（2）隔离。

① 虚拟机与主机和其他虚拟机完全隔离，如果一个虚拟机崩溃，则其他虚拟机不会受到影响。

② 虚拟机之间不会泄露数据，而且应用程序只能通过配置的网络连接进行通信

（3）封装。

① 完整的虚拟机环境保存为单个文件；便于进行备份、移动和复制。

② 为应用程序提供标准化的虚拟硬件，可保证其兼容性。

2．认识 Hyper-V

1）Hyper-V

Hyper-V 是 Microsoft 公司的一款虚拟化产品，是 Microsoft 公司第一个采用类似 VMware 和 Citrix 开源 Xen 一样的基于 Hypervisor 的技术。Hyper-V 设计的目的是为广泛的用户提供更为熟悉以及成本效益更高的虚拟化基础设施软件，这样可以降低运作成本、提高硬件利用率、优化基础设施、提高服务器的可用性。

2）Hyper-V 的功能与特色

（1）新改善的架构：新的 64 位微内核 Hypervisor 架构使得 Hyper-V 可以提供更广泛的设备支持方法，以及更强的性能和更高的安全性。

（2）广泛的操作系统支持：广泛支持同时运行不同类型的操作系统，包括 32 位和 64 位多种不同的服务器平台的系统，如 Windows、Linux 等。

（3）对称多处理器（SMP）支持：可在一个虚拟机环境中最多支持 4 个多处理器，使用户可以在虚拟机中完整享受到多线程应用程序的优势。

（4）网络负载均衡：Hyper-V 中包含了新的虚拟交换功能，这意味着虚拟机可用简单的方法配置运行 Windows 网络负载均衡（NLB）服务，以对不同服务器上的多个虚拟机的负载进行均衡。

（5）新的硬件共享架构：通过使用新的虚拟服务供应程序/虚拟服务客户端（VSP/VSC）架构，Hyper-V 增强了核心资源的访问和使用，如磁盘、网络及视频。

（6）快速迁移：Hyper-V 可以快速将运行中的虚拟机从一台物理宿主系统迁移到另一台，同时将停机时间降到最小，并可对 Windows Server 以及 System Center 管理工具维持高可靠性。

（7）快照功能：Hyper-V 提供了对运行中的虚拟机创建快照的功能，这样可以将虚拟机撤销到之前的状态，并增强了整体的备份和恢复能力解决方案。

（8）可伸缩能力：通过在宿主级别上对多处理器或多核心提供支持，以及从虚拟机内进行增强的内存访问，可以将虚拟环境进行垂直扩展，以便支持在同一台宿主计算机上同时运行更多数量的虚拟计算机，还可保持在多个宿主之间实现快速迁移。

（9）扩展性：Hyper-V 中包含的基于标准的 Windows 管理架构（WMI）接口以及 API 使得软件供应商和开发人员可以快速创建自定义的工具、程序，并对虚拟化的平台进行改善。

3．安装 Hyper-V 的条件

1）Windows Server 2008 R2 安装 Hyper-V 条件

（1）CPU 必须满足以下要求。

① 支持硬件虚拟化功能，Intel-VT 以及 AMD-V。

② 支持 64 位扩展技术（Intel EMT-64/AMD x64）。

③ 支持硬件数据执行保护。

（2）检查方法如下。

① 是否启用主板的虚拟化选项（在 BIOS 中设置开启）。

② 检查 CPU 是否支持 Intel VT 或者 AMD-V（即 CPU 必须支持虚拟化），是否为 64 位 CPU，是否支持 DEP（数据执行保护）（使用硬件检测工具查看，如 SecurAble）。

2）VMware 环境运行 Windows Server 2008 R2 并安装 Hyper-V 的条件

（1）开启虚拟机处理器中的虚拟化引擎。

①开启虚拟化 Intel VT-x/EPT 或 AMD-V/RVI(V)。

②开启虚拟化 CPU 性能计数器。

（2）修改虚拟机中 Windows Server 2008 R2 x64.vmx 文件。

使用文本文档打开 Windows Server 2008 R2 x64.vmx 文件，在最后一行添加如下代码：

```
hypervisor.cpuid.v0 = " FALSE "
mce.enable = " TRUE "
```

保存文件后退出，重新进入虚拟机系统。

3）VMware 网络设置介绍

虚拟机常用的几种网络连接方式为 Bridge 模式、NAT 模式、Host-Only 模式。

（1）Bridge 模式：这种模式是在新建虚拟机的时候默认设置的，是将虚拟主机的虚拟网卡桥接到一个 Host 主机的物理网卡上，实际上是将 Host 主机的物理网卡设置为混杂模式，从而达到侦听多个 IP 地址的能力。在这种模式下，虚拟主机的虚拟网卡直接与主机的物理网卡所在的网络相连，可以理解为虚拟机和主机处于对等地位，在网络中的关系是平等的。

物理网卡和虚拟网卡的 IP 地址处于同一个网段，子网掩码、网关、DNS 等参数都相同，两个网卡在拓扑结构中是相对独立的。

（2）NAT 模式：这种模式下 Host 主机的"网络连接"中会出现了一个虚拟的网卡 VMware Network Adepter VMnet8。

VMware Network Adepter VMnet8 虚拟网卡的作用仅限于和 VMnet8 网段进行通信，它不为 VMnet8 网段提供路由功能，所以虚拟机虚拟一个 NAT 服务器，使虚拟网卡可以连接到 Internet。在这种情况下，用户可以使用端口映射功能，使访问主机 80 端口的请求映射到虚拟机的 80 端口上。

VMware Network Adepter VMnet8 虚拟网卡的 IP 地址是在安装 VMware 时由系统指定生成的，不能修改这个数值，否则会使主机和虚拟机无法通信。

（3）Host-Only 模式：在 Host-Only 模式下，虚拟网络是一个全封闭的网络，它唯一能够访问的就是主机。其实 Host-Only 网络和 NAT 网络很相似，不同的地方是 Host-Only 网络没有 NAT 服务，所以虚拟网络不能连接到 Internet。主机和虚拟机之间的通信是通过 VMware Network Adepter VMnet1 虚拟网卡来实现的。

项目设计及准备

1. 项目设计

随着 HXZ 公司的规模扩大，公司业务也在不断拓展，相关的服务不断增加，现在公司需要重新配置一台服务器来满足公司日益增长的服务需求，但问题在于公司现在没有资金再购买一台新的服务器。

公司网络管理员对已有的服务器设备进行查看，发现服务器中还有大量的空间可以使用，所以可以使用服务器虚拟化技术来满足公司的需求。

1）安装 Hyper-V

在 Windows Server 2008 R2 中安装 Hyper-V 服务。

2）使用 Hyper-V 安装 Windows Server 2008 R2 服务器

在 Windows Server 2008 R2 中安装 Hyper-V 后，启动 Hyper-V 安装 Windows Server 2008 R2。

2．项目准备

在安装 Hyper-V 前，需要安装 Windows Server 2008 R2 操作系统，并配置相关基础环境，如服务器名称、网络参数等，硬盘最好有 2 或 2 个以上的分区，C 分区容量在 30GB 以上，其他分区容量最好在 40GB 以上。

 项目实施

任务 1　安装 Hyper–V

安装 Hyper-V 的步骤如下。

（1）选择"开始"/"管理工具"/"服务器管理器"命令，弹出"服务器管理器"窗口，单击"添加角色"链接，弹出"添加角色向导"对话框，单击"下一步"按钮，如图 13-1 所示。

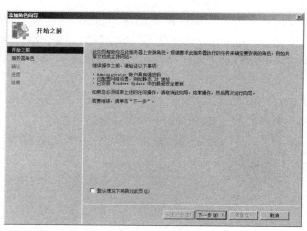

图 13-1　添加角色向导

（2）在"选择服务器角色"界面中，选中"Hyper-V"单选按钮，单击"下一步"按钮，如图 13-2 所示。

（3）在"Hyper-V"界面中，单击"下一步"按钮，如图 13-3 所示。

（4）在"创建虚拟网络"界面中，勾选"网络适配器"选项组中的"本地连接"复选框，单击"下一步"按钮，如图 13-4 所示。

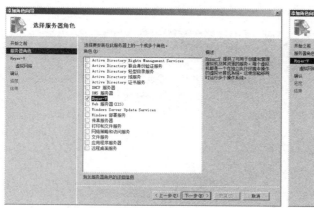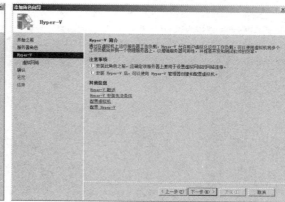

图 13-2　选择服务器角色　　　　　　　　　　图 13-3　Hyper-V 简介

（5）在"确认安装选择"界面中，单击"安装"按钮，如图 13-5 所示。

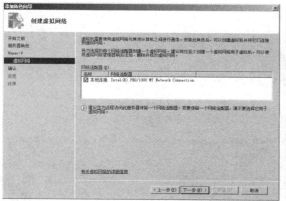

图 13-4　创建虚拟网络　　　　　　　　　　　图 13-5　安装 Hyper-V

（6）在"安装结果"界面中，单击"关闭"按钮，如图 13-6 所示。在弹出的提示对话框中，单击"是"按钮，如图 13-7 所示。

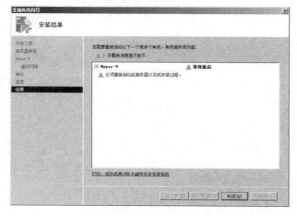

图 13-6　安装结果界面　　　　　　　　图 13-7　确认是否重新启动系统

（7）系统重新启动后，进入"继续执行配置"界面，如图 13-8 所示。

（8）安装完成后，单击"关闭"按钮，如图 13-9 所示。

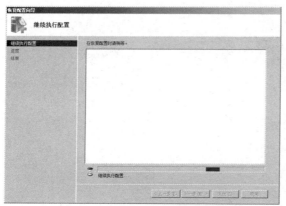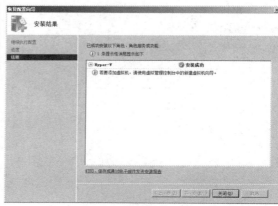

图 13-8　继续执行配置　　　　　　　　　　　　图 13-9　安装完成

任务 2　Hyper-V 的基本设置

（1）选择"开始"/"任务管理"/"Hyper-V 管理器"命令，弹出"Hyper-V 管理器"窗口，如图 13-10 所示。

（2）在右侧窗格中单击"新建"链接，可以新建"虚拟机"、"硬盘"等，如图 13-11 所示。

图 13-10　"Hyper-V 管理器"窗口　　　　　　　图 13-11　新建

（3）单击"Hyper-V 设置"链接，在弹出的"Hyper-V 设置"对话框中，选择"虚拟硬盘"标签，可以修改虚拟硬盘默认的保存位置，如图 13-12 所示。

（4）选择"虚拟机"标签，修改虚拟机默认保存位置，如图 13-13 所示。

（5）选择"鼠标释放键"标签，然后单击"释放键"右侧下拉按钮，在下拉列表中选择鼠标释放快捷键，如图 13-14 所示。

（6）在图 13-11 中，单击"虚拟网络管理器"链接，弹出"虚拟网络管理器"对话框，选择"新建虚拟网络"标签，新建一个虚拟网络，并设置网络类型为"外部"，如图 13-15 所示。

图 13-12　修改虚拟硬盘存放位置

图 13-13　修改虚拟机存放位置

图 13-14　设置鼠标释放快捷键

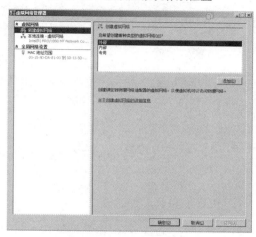

图 13-15　选择虚拟网络

（7）选择"本地连接-虚拟网络"标签，连接类型选择"外部"，单击其右侧下拉按钮，选择实体机网卡，如图 13-16 所示。

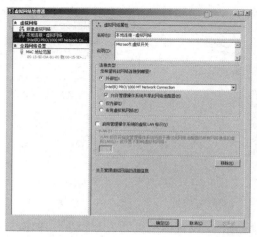

图 13-16　选择实体机网卡

（8）当新建一个虚拟机后，在"Hyper-V 管理器"窗口中间窗格中会显示创建的虚拟机，在右侧窗格底部会显示创建的虚拟机设置命令，如图 13-17 所示。

（9）单击新建的虚拟机"设置"链接，在弹出的虚拟机设置对话框中，可以设置新建虚拟机的硬件，诸如修改 BIOS、内存、处理器等内容，如图 13-18 所示。

图 13-17　新建及设置虚拟机

图 13-18　设置虚拟机

任务 3　在 Hyper-V 中创建和应用虚拟机

1．创建虚拟机

（1）在"Hyper-V 管理器"窗格中，选择"新建"/"虚拟机"命令，弹出"新建虚拟机向导"对话框，单击"下一步"按钮，如图 13-19 所示。

（2）在"指定名称和位置"界面中，指定新建虚拟机的名称和存放位置，单击"下一步"按钮，如图 13-20 所示。

图 13-19　"新建虚拟机向导"对话框

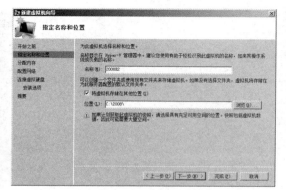

图 13-20　指定名称和存储位置

（3）在"分配内存"界面中，设置虚拟机的内存大小，单击"下一步"按钮，如图 13-21 所示。

（4）在"配置网络"界面中，单击"连接"右侧下拉按钮，在下拉列表中选择"本地连接-虚拟网络"选项，单击"下一步"按钮，如图 13-22 所示。

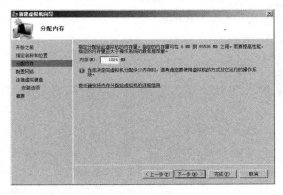

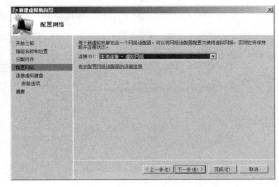

图 13-21　分配内存　　　　　　　　　　　图 13-22　配置网络

（5）在"连接虚拟硬盘"界面中，设置虚拟硬盘的名称、存放位置及容量大小，单击"下一步"按钮，如图 13-23 所示。

（6）在"安装选项"界面中，选中"从引导 CD/ROM 安装操作系统"单选按钮，并选中"映像文件（iso）"单选按钮，单击"浏览"按钮，在弹出的对话框中添加系统安装映像文件，单击"下一步"按钮，如图 13-24 所示。

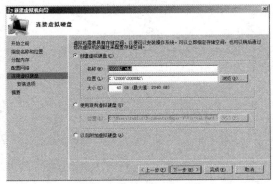

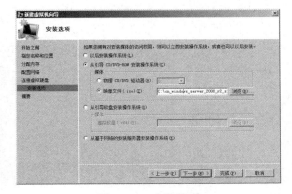

图 13-23　连接虚拟硬盘　　　　　　　　　图 13-24　安装选项

（7）全部设置完成后，单击"完成"按钮，如图 13-25 所示。

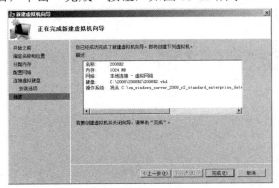

图 13-25　完成新建虚拟机

2．安装操作系统

（1）新建虚拟机完成后，在"Hyper-V 管理器"窗口中的"虚拟机"中出现新建的虚拟机，选择该虚拟机，然后单击右侧窗格中的"连接"链接，如图 13-26 所示。

（2）弹出虚拟机连接窗口，单击快捷操作栏中的"启动"按钮，如图 13-27 所示。

图 13-26　连接虚拟机

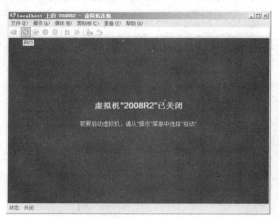

图 13-27　启动虚拟机

（3）虚拟机自动加载导入的系统安装映像文件，进行系统的安装（具体安装过程详见"项目 1"的"任务 1"），如图 13-28 所示。

（4）虚拟系统安装完成后，可自行根据本书中其他项目内容进行练习，这里不再赘述。

实训题

ZJZZ 公司是一家网络系统集成公司，公司现在需要增加 3 台服务器系统，分别实现 Web 站点功能、FTP 服务和辅助 DNS 功能，作为本公司的网络管理员，请根据现有条件适当运用服务器虚拟化技术来搭建服务器系统。

【需求描述】

安装 Windows Server 2008 R2 操作系统；

安装 Hyper-V；

新建虚拟机；

安装虚拟操作系统。

图 13-28　虚拟机安装操作系统